21世纪广东发展海洋经济若干热点问题研究

杜军　鄢波　著

中国农业出版社

图书在版编目（CIP）数据

21世纪广东发展海洋经济若干热点问题研究／杜军，鄢波著．—北京：中国农业出版社，2017.11
ISBN 978-7-109-22023-2

Ⅰ.①2… Ⅱ.①杜… ②鄢… Ⅲ.①海洋经济－经济发展－广东－21世纪 Ⅳ.①P74

中国版本图书馆CIP数据核字（2016）第198808号

中国农业出版社出版
（北京市朝阳区麦子店街18号楼）
（邮政编码100125）
责任编辑 刘明昌

北京中兴印刷有限公司印刷 新华书店北京发行所发行
2017年11月第1版 2017年11月北京第1次印刷

开本：720mm×960mm 1/16 印张：13.75
字数：230千字
定价：38.00元
（凡本版图书出现印刷、装订错误，请向出版社发行部调换）

本书系广东省哲学社会科学"十二五"规划项目（编号：GD13CYJ14）、广东海洋大学创新强校工程项目（编号：GDOU2013050249、GDOU2013050252）的最终研究成果。本书得到广东海洋大学优秀科研团队建设项目经费资助。

21 世纪是海洋世纪。由于我国经济发展将面临着资源与环境的双重瓶颈，伴随着陆域资源、能源和空间压力与日俱增，使得海洋这一集合了生产要素、产业资源于一身的空间载体在国民经济中发挥着重要的作用，也预示着海洋经济即将发展为我国经济未来新的增长极。正因为认识到了海洋的重要性，党中央、国务院高度重视海洋经济的发展并明确提出建设"海洋强国"的宏伟目标。

自 2010 年以来，国务院分别将山东、浙江、广东、福建、天津等省份列为全国海洋经济发展试点地区，这是我国从当今世界海洋经济发展新局面的战略角度出发，正面即将到来的海洋竞争挑战，高瞻远瞩、深谋远虑作出的重大战略规划。在《国民经济和社会发展第十三个五年规划纲要》中，就如何"拓展蓝色经济空间"探讨中，明确提出"坚持陆海统筹，发展海洋经济，科学开发海洋资源，保护海洋生态环境，维护海洋权益，建设海洋强国"总的战略思想，在此框架下又分别提出四个着力点，即"优化海洋产业结构、发展海洋科学技术、创新海洋资源市场化配置、推进海洋经济发展试点区建设"，从而更加系统、全面地勾勒出我国海洋经济发展的蓝图，标志着我国海洋经济的发展进入了新的历史发展阶段。

党的十八大提出了发展海洋经济的战略决策，提出了海洋强国战略，为海洋经济的发展创造了新的机遇。国内外关于海洋经济发展战略的研究，在海洋经济、海洋产业、海洋资源开发、海洋科技、海洋文化等方面已经取得了一定的研究成果，为本著作奠定了前期基础，在实践层面也积累了可供参考的典型案例。但这些研究，过于局限于某一领域的研究，虽然比较具体，但还未有专门针对广东海洋经济特点，特别是广东海洋产业的特性，从两大类海洋产业（本著作中结合《广东省海洋经济综合试验区发展规划》和《广东省海洋经济发展"十三五"规划》，将广东主要支持和发展的海洋产业分为两大类：传统优势海洋产业和海洋战略性新兴产业）发展的角度进行研究，即关于这两大类海洋产业究竟如何发展，尚未给出明确的战略思路，也尚未形成一套行之有效的发展路径，不能直接作为广东省建设海洋强省的理论指导。

基于此背景，广东应如何打造国家级海洋经济综合试验区？应如何做好海洋经济强省建设工作？应如何推进海洋产业集群式创新发展？这些都是21世纪广东省在海洋经济发展中迫切需要解决的热点问题。而解决这些问题，对于合理利用海洋经济综合试验区的海洋资源和区位优势，贯彻落实国家发展海洋经济的重大战略行动，促进海洋产业转型升级优化，完善沿海地区发展战略格局，实现海陆统筹协调发展具有十分重要的战略意义。

因此，本著作围绕21世纪广东海洋经济发展中的若干热点问题进行深入研究，主要就广东海洋产业集群式创新发展、广东打造国家级海洋经济综合试验区建设、广东建设海洋经济强省战略思路三个方面的专题进行了展开论述。

全书分为三篇：

第一篇广东海洋产业集群式创新发展研究。主要包括：①界定海洋产业集群、海洋产业集群式创新发展的概念、属性与特征；②站在网络的视角，以波特产业组织理论中SCP为依据，从结构维、机制维、动力维三维度构建海洋产业集群式创新发展的理论体系；③广东海洋产业集群式创新发展的实证研究。

第二篇广东打造国家级海洋经济综合试验区建设研究。主要包括：①广东打造国家级海洋经济综合试验区的理论支撑研究；②广东打造国家级海洋经济综合试验区的目标体系研究；③广东打造国家级海洋经济综合试验区的支撑平台研究；④广东打造国家级海洋经济综合试验区的产业发展研究；⑤广东打造国家级海洋经济综合试验区的政策建议研究。

第三篇广东建设海洋经济强省战略思路研究。主要包括：①广东建设海洋经济强省的政策背景和理论支撑研究；②基于产业发展视角的广东建设海洋经济强省的战略思路研究；③广东传统优势海洋产业集群式创新发展的理论与实证研究；④广东海洋战略性新兴产业培育发展的理论与实证研究。

本书对于探索广东海洋产业集群式创新发展规律、推进广东海洋产业及相关产业转型升级，突破关键核心技术，提升广东海洋产业核心竞争力，真正实现海洋强省、实现海洋经济可持续发展具有重要作用。对于优化广东海洋产业结构、促进经济发展方式转变、提升广东海洋经济总体实力和综合竞争力、加快形成新的经济增长极、促进区域协调发展、优化广东沿海地区总体开发格局、提高广东海洋产业集聚的政策性效果、推动广东建设好国家级海洋经济综合试验区等都具有重大的理论价值和现实意义。

杜　军　鄢　波

2017 年 9 月

CONTENTS | 目 录

前言

第一篇 广东海洋产业集群式创新发展研究

第二篇　广东打造国家级海洋经济综合试验区建设研究

第三篇　广东建设海洋经济强省战略思路研究

第一篇

广东海洋产业集群式创新发展研究

2011 年以来，国务院先后批准了山东、广东、浙江、福建为国家级海洋经济发展试点区，以期推动海洋强国建设，而在这些沿海省份关于海洋经济发展的战略规划中都明确提出要实现海洋产业集群式发展。如何才能实现海洋产业集群式创新发展？针对此问题，本部分从以下三个方面进行研究：①界定海洋产业集群、海洋产业集群式创新发展的概念、属性与特征；②站在网络的视角，以波特产业组织理论中 SCP（Structure - Conduct - Performance）为依据，从结构维、机制维、动力维三维度构建我国传统海洋产业集群式创新发展的理论体系。重点研究传统海洋产业集群升级机制，如升级动力机制、价值获取机制等，分析异质驱动模式和异质价值链治理模式下的海洋产业集群升级路径；③以广东省为例，选择有代表性的传统优势海洋产业作为检验对象，对其集群式创新发展进行实证研究。

研究意义：①提供海洋产业集群创新发展的理论指导和实践借鉴。本部分对海洋产业集群创新发展模式进行了系统研究，并对广东省进行实证性研究，可以为国家和区域层面海洋产业集群创新发展提供理论指导和经验借鉴。②探索海洋产业集群式创新发展规律、转变海洋产业结构、促进经济发展方式转变、提升海洋经济总体实力和综合竞争力、加快形成新的经济增长极、促进区域协调发展、优化我国沿海地区总体开发格局、提高海洋三次产业集聚水平的政策性效果。③为我国海洋经济快速、健康发展，为实现我国海洋产业集群式创新发展、实现海洋产业结构转型升级、促进经济发展方式转变、提升海洋经济总体实力和综合竞争力提供系统科学的理论指导和实践借鉴。

第1章 相关研究概述

1.1 产业集群创新研究概述

伴随着我国产业经济的快速发展，关于产业集群创新的研究，国内研究者已进行得比较深入，通过近些年的文献分析，发现研究者主要在以下五个方面对产业集群创新展开了研究：

（1）产业集群技术创新

宁德军（2006）从产业群升级的角度来探讨产业集群技术创新，并从经济要素和非经济要素两个方面来构建产业集群创新与产业集群升级的理论模型，经济要素则基于结构—行为—绩效的角度进行分析，非经济要素则主要从制度要素和环境要素两个方面进行分析。王颖（2007）基于网络理论阐释了产业集群创新的网络结构，并划分为三个层次：主导网络层、支持网络层和外部网络层。主导网络层由产业集群创新的主体构成，即各种相互联系在一起的企业；支持网络层则由地方政府、中介机构、大学和研究机构三个部分构成，主要为创新主体提供政策、人才、信息以及咨询等；外部网络层主要是指产业集群创新的外围环境，对主导网络层起到补充作用。李大为等（2011）则研究了产业集群的创新机理及实现路径，从激励机制、协作机制、成本降低、缄默知识学习以及技术扩散等方面探讨了产业集群创新机理，并将其实现路径划分为四个时期：产业集群创新网络孕育期，形成期，创新活动大量涌现期，创新能力不断提升期。

（2）产业集群协同创新

万幼清等（2007）基于知识的视角来探讨产业集群内部协同创新效应，并基于此构建了决定其效率的若干指标：各主体知识传递能力、知识的综合性、各主体的创新激励等。通过函数模型构建的方式，分析了各指标对于协同创新绩效的影响。于江（2008）从企业的内、外部资源协同两个角度对产业集群协同创新的模式进行了分析，内部资源协同主要体现在劳动力协同和资本协同两个方面，后者体现为技术创新、治理、生产销售等协同内容。杨耀武等（2009）从战略分析的角度出发，以长三角产业群为例，建立了基于产业、科技和地区联动的协同创新框架结构。韩言虎等（2013）从"宝鸡·中国钛谷"产业集群的分析出发，研究了以高校、公司、智库为创新主体，以公共部门、第三方、创新服务平台等为支撑机构，以知识协同为核心，以组织协同为基础的产业集群协同创新机制，并分析了各个主体在其中扮演的角色。

（3）产业集群创新平台

李牧南等（2007）从知识管理的角度出发，构建产业集群创新平台体系结构，将其分为用户层/知识源层，知识分发与采集层，以及硬件、网络及基础软件应用层，并探讨了产业集群创新平台的构成主体：基础平台、存储服务，以及用户与知识源等。朱杰等（2008）以汽车产业集群作为研究对象，阐释了其创新存在的问题，及与区域创新系统的相关性，并构建了基于管理、科技以及品牌的多元创新平台。张振刚等（2008）从政府功能出发，将产业集群创新平台分为政府领导型，政府共享型以及政府支持型三种。巩丽敏等（2012）通过对浙江两个纺织产业集群的对比分析，构建了产业集群创新平台管理模型，并界定了该类平台的作用。

（4）产业集群创新系统

张振刚等（2007）对产业集群共性技术创新系统进行了概念界定，并从创新主体层、内部环境层，以及外部环境层等三个层面对其创新系统的模型进行构建，并将其具体研究案例结合起来。刘璟（2007）分析了产业集群创新系统的不足，主要体现在综合创新能力不够，系统内部结构松散，以及创新环境不优三个方面，并从企业主体、政府以及产业集群支持机构等方面提出了相应的策略。陈理飞等（2008）从体系演进的角度出发，将产业集群创新系统演化过程分为形成阶段，发育阶段以及成长阶段，并针对不同阶段分析了企业、高校、政府等创新主体的责任和行为规则。姜江等（2013）运用结构方程模型等统计方法从实证的角度出发，以长株潭产业集群为例，分析产业集群创新系统的影响因素，并基于分析结果，提出了集结型、联盟型和配置型等三大优化策略。

（5）产业集群创新能力

刘明菲等（2008）分析了物流产业集群创新能力的特性，并从科技发明、智慧演化、环境优化、管理创新这四个能力影响因素中，进一步析出影响因子评价指标，并运用灰关联分析方法对其进行了实证检验。龚玉环等（2009）从度分布状态、路径平均长度、集聚水平三个方面探讨了中关村产业集群创新能力。王贤梅等（2009）基于社会网络分析的视角，以常州湖塘纺织产业集群为例，通过分析检验，得出密度、强度对产业集群创新能力有负向影响，互惠性、对象多样性以及对象核心性则对产业集群创新能力有积极影响。周泯非等（2009）基于文献分析的基础上提出了产业集群创新能力内涵、外延，并探讨了构成的各要素，最终构建了一个集群创新能力的系统研究框架。

总而言之，对于产业集群创新的研究，无论从广度还有深度来讲，发展都较快，而且分析理论与方法正呈现多元趋势，为我国产业集群创新发展提供了理论与应用基础。但我们还是可以发现，关于产业集群创新的基础理论研究或者一般性理论研究还较为缺乏，很多研究者更多的是从现实应用的角度，基于某个点进行研究，要么结合某个案例进行分析，要么基于数据整合的基础上进行实证归纳。而且对于现有理论或者研究方法的借鉴已趋于泛滥，缺乏研究中的批判性思维以及理论的比较分析，产生不了具有创新性或前瞻性的理论成果。在某种程度上，对于产业集群的创新研究又显得偏于宏观，在较微观的细致性研究力度上显得不够，从个体研究的基础上总是不能上升到适用于一般性研究的高度。所以，这些都是我们应该在以后研究中所应注意，并加以努力的，以便产生比较系统的符合我国特色的产业集群创新理论。

1.2 海洋产业集群研究概述

随着我国"海洋强国"战略的提出，以及地方沿海省份相继提出建设海洋经济强省，尤其是国务院批复了沿海多个省份的海洋综合实验区建设，可见发展海洋经济已形成一股热潮，成为我国发展任务之重中之重。基于这一政策背景，许多研究人员对海洋产业经济展开研究，取得了丰硕成果，一部分研究人员将产业集群的一般性理论与实证方法引入到海洋产业研究中，提出了构建海洋产业集群的理论设想与实践方法。基于对国内近几年的相关文献分析发现，对于海洋产业集群的相关研究还处于早期阶段，无论从文献发布数量还是质量来看都还处于较低的水平。从已有的文献分析总结上，可看出，对于海洋产业集群的研究主要集中在其集聚水平测量、发展策略、与区域经济联系、海洋产业生成原理、渔业产业集群等方面。

黄瑞芬等（2010）结合海洋产业的特点，改进了传统产业集群测度方法，提出了适用于海洋产业集群测度的区位商计算方法，并对环渤海和长三角两大海洋经济区进行实证分析，比较两者之间的海洋产业集群差异。宫美荣等（2011）以辽宁海洋产业为研究对象，通过进行区位商计算分析，发现辽宁传统渔业、海洋盐业、装备制造业存在产业集群现象，并通过灰色关联分析，发现该省产业关联度较大，有利于发展海洋产业集群。姜旭朝等（2012）以环渤海经济区为例，通过运用多种实证方法对海洋产业集群与地区经济增长的关系进行了探究，认为两者之间存在相互促进的关系，而且这种相互影响具有长期性。纪玉俊等（2013）对海洋产业集群与沿海地区经济的关系进行实证分析，发现前者对后者具有明显推动作用，而后者对于前者的形成，其作用并不明显。方景清等（2008）从资源、资金、人才、制度等方面探讨了海洋产业集群激发机制，从外部经济、交易费用、竞争协作等方面探讨了海洋产业集群的演化机制。纪玉俊（2013）从空间集聚和网络关系两个方面探讨了海洋产业集群产生原理。邵桂荣（2012）以舟山为例，运用 AHP 方法，对海洋渔业中的水产业集群竞争力影响因素进行研究，并结合 SWOT 分析，认为该地发展策略为"扭转型策略"。韩立红等（2013）从问题与对策两个角度对山东渔业集群进行了探析，认为山东渔业集群应向更高阶段迈进，走可持续发展道路。杨林等（2012）以山东蓝色经济区战略为背景，分析了山东海洋产业集群化发展面临产品质量不够与低水平重复建设，以及面临新的内忧外患等问题，并提出了相应的解决策略。徐盛等（2012）在对山东海洋产业集群进行测度以及进行产业相关性分析基础上，基于第一、第二以及第三这三大产业集群，提出了发展山东海洋产业集群的策略。

总而言之，海洋产业集群的研究总是要基于产业集群的一般性研究基础上，然后再结合海洋产业集群独有的特点，提炼出其自身的理论范式和发展机理。海洋产业集群研究虽处于早期阶段，但已取得初步的理论与应用成果，具有海洋背景及特色的高校、科研机构的研究者往往是海洋产业集群的主要研究主体，这或许跟海洋产业集群的自身属性相关。对于现阶段来讲，海洋产业集群的研究还存在诸多问题，还有极大可以丰富完善的空间，主要体现在如下方面：①海洋产业集群研究对于产业集群的一般性理论结合运用得还不够，还有很多拓展升华的空间；②海洋产业集群系统性的基础性的理论研究还没有形成气候，现阶段较多侧重点点研究，以及应用型研究，缺乏相关的理论沉淀，没有拓展到面、到维度；③在海洋产业集群实证研究方面运用的计量方法以及统计学方法还比较单一，主要经常性的集中在某几种方法上面；④关于海洋产业集群的内容研究还比较单薄，大多停留在比较表面的层次，没有更加深入的本质的进行探讨，从而发现其中的一般性规律。

1.3　海洋产业集群式创新发展概述

海洋产业集群式创新发展是本书中的提法，也是本书要研究的对象，之所以会提出，主要基于海洋产业结构调整及转型升级这一背景，并且与国家的创新发展战略相契合。关于海洋产业集群式创新发展的专门性研究，目前在国内还处于空白阶段，基于理论与现实的意义，研究海洋产业集群式创新发展有其自身的价值体现，具有研究的必要性。与海洋产业集群式创新发展有着较为密切联系的两个领域是海洋产业集群创新和集群式创新，而且这两个领域已展开研究，尤其是关于集群式创新的研究已更为深入。

海洋产业集群创新方面的研究已有文献涉及，但量特别少，处于较早研究阶段。李轶敏（2012）以海洋产业为例，探讨了我国具体产业集群的创新机制，提出了"F-A-F-V"模型和"四位一体"立体化产业模型。阮卓婧等（2013）运用定量分析方法对浙江海洋产业集群创新效率进行了实证研究，认为其转化为创新集群的趋势明显，并从创新机构角度，涉海企业角度以及政府角度给出了相应的对策。关于集群式创新发展的研究，相对要早，并已取得了一定的研究进展。刘友金（2002）在探讨关于集群式创新的组织模式一文中探讨了中小企业集群式创新的内涵、特征及动态发展过程，他认为其是可以获得创新优势的一种组织形态，具有相互依赖、共同促进、合作共享等特点，并经过沟通、协作、共享、评估等基本动态过程。刘友金等（2003）运用群落学思想探讨了集群式创新的形成与演变机理，提出了类似于生物种群进化过程的四阶段结构，即经历产生、成长、成熟、淘汰与更新四大阶段。刘友金等（2008）运用混沌理论分析了集群式创新网络的演变过程，认为其有两大鲜明特征，并利用"虫口模型"分析主导企业不同聚合能力下，其出现的混沌状态及演变结果。石明虹等（2013）探讨了我国战略性新兴产业集群式创新的选择路径，认为产业链、价值链与知识链是其创新发展路径的关系纽带，并基于此，从路径维度、始发条件和路径模式等三个方面研究了其选择路径。

总之，海洋产业集群创新及集群式创新的研究发展，为海洋产业集群式创新发展提供了研究理论余方法的借鉴，本书将结合与海洋产业集群式创新发展相关的一系列理论和方法，基于网络与 SCP 范式的视角，对其进行理论与实证研究，旨在为海洋产业集群发展提供适宜可操作性的发展路径及方法建议。

第 2 章　相关概念及辨析

2.1　网络的概念及辨析

人们通常所说的网络一般指的是计算机领域中的网络，如互联网，它其实是一个虚拟的信息传输、接收、共享平台，将散落在各个角落的信息整理综合到一起，进而促进这些资源的分享利用。它通过借助网页制作、图片查看、影音播放、下载传输、游戏、聊天等软件工具将其触角深入到了世界的每一个角落，大大丰富了并改变了人们的传统生活生产方式。它是公认的伟大的科技发明，至少从当代的视角来看，它已颠覆了传统的商业模式，并在政治与经济变革方面正产生着越来越巨大的推动作用。

从学术角度来讲，网络一词，通常被英译为"network"，是一个学术热词，该词已运用到了学术的诸多领域，是一个有着丰富含义的词汇。最为普遍的是很多学者将其运用到了社会科学领域，并形成了较为系统成熟的网络理论。从定性方面来看，产生了企业网络，关系网络，以及网络组织等一系列新成果，从定量方面来看，产生了比较常用的实证分析方法，如社会网络分析方法，复杂网络分析方法以及结构方程模型等。而且甚至有学者还将网络运用到了概念的分析研究当中，如蒋谦（2010）认为黑格尔思辨的概念论在当代凸显网络表达的趋势，他也认为将网络引入到概念研究当中，可摆脱传统"概念域"的束缚，从而形成网络化的概念体系。

事实上，网络在学术界最为普遍的概念界定是网络是一个由各节点通过一定的机制联系在一起的关系集合体。在管理研究领域，林嵩（2009）从静态的视角给企业中的网络下了定义，他认为企业中的网络就是由若干联系紧密的企业以及将它们连接在一起的关系网所构成。通过网络形式的整合，改变了企业之间竞争中的传统视角下的单一企业的竞争模式，形成了网络中的企业竞争模式，或者说是联合竞争模式。Ritter 等（2004）则从动态的视角解析了企业中的网络含义，他认为网络中的关系是企业之间以及企业与其他组织之间进行联系的强有力纽带，同时他认为这种关系的存在不是固定于某一时期,而是横跨不同时期,其属性特征会随着时间或环境的变化而产生改变。

当然与网络一词有着些许相关的是脉络一词,笔者认为有必要加以区分。中医将脉络理解为人身的经络,一般指动脉和静脉,将人体的各个器官连接在一起。在文章写作中,脉络被理解为思想脉络,指作品展现主题意义时的思路处理和叙述体现,其功能是将文章的各个部分有机的连接在一起。总而言之,网络和脉络都起到连接的作用,但相对而言,网络则更加具体和人性化,而脉络则比较抽象,同时网络是由点到线再到面的立体式扩展,而脉络则是由点到线的线性连接。

2.2 产业集群的概念及辨析

产业集群(industrial cluster)是研究得比较深入的领域,对于其概念的界定及辨析,一些学者进行过探索。事实上,在产业集群这一说法还未正式提出以前,就已经有一些学者提出了类似的概念,为产业集群的正式提出提供了前期基础。德国经济学家 Johan Heinrich Von Thunen(1826)在其对农业区位问题进行研究的一本书中,形成了最早的空间经济理论框架。Alfred Weber(1929)率先阐释了集聚(agglomeration)的概念,是工业区位理论的奠基者。马歇尔(A. Marshall)在其巨著《经济学原理》一书中研究了同一区位内的企业合作创新动态,并基于此提出了产业区(industrial district)的概念。茨扎曼斯凯(1974,1978)从经济学的视角首次提出了产业集群的概念,他认为这类集群是在商品和服务方面关联更为紧密且地理位置相邻的产业形态。美国迈克·波特教授(1990)用产业集群来分析集群现象,在《国家竞争优势》提出了产业集群的概念,可以说这更具有普遍意义,并得到了广大学者的认可,很多研究者因此开始接触产业集群。他认为这是在某个产业体系内联系紧密、在空间上靠拢的企业等组织聚合,存在着多元化的主体:相互联系的核心企业实体;产业链上游的企业,配套的中间型企业或机构;供给专门化的文化教育服务、情报处理以及科技服务的公共部门等机构。并基于此提出了提升产业竞争力的 4 个因素:本地客户需求;高水准的要素投入;支持性的相关产业;良好的政策环境。

国内研究者也在基于前者的研究基础上,对产业集群的概念进行新的阐述，提出了自己的见解。陈文华等（2006）分别从三个层面来阐释产业集群的内涵：第一个层面是它基于一种经济社会现象，包含专业化分工、群集等特征；第二个层面是基于组织的视角，认为产业集群是一个富有效率的中间性组织，介于市场与科层之间，并处于不断的演化过程之中；第三个层面则基于观念的视角，认为产业集群是对传统区域经济发展理念的突破，是一种新的思维方法和产业模式。王坤等（2012）也从三个方面阐释了产业集群的内涵：首先，产业集群应表现为特定空间内许多商业主体及关联机构的地理集中；其次，产业集群内各主体间密切联系，具有生产、社会等网络化特征；最后，产业集群是最近出现的产业空间组织形态，也是一种发展区域经济的新模式。

与产业集群有着相似概念的术语比较多，如不加以区分，便容易混淆不清。

（1）产业集群与产业集聚

两者都体现为企业等相关机构的地理集中，是一种发展区域经济的方式，目的是降低资源或信息的扩散成本，增加规模报酬。但相对于产业集群，产业集聚仅仅是较初始的阶段，企业只是简单的地理集中，并没有相互间的紧密合作与互补，而且缺乏与相关支持型机构的互动，创新能力不足。所以产业集聚一定是产业集群的特殊形式，但前者绝不能简单等同于后者。

（2）产业集群与创新集群

产业集群可分为传统产业集群和创新产业集群，后者是前者的一种，是较为高级的形式。钟书华（2008）总结出创新集群的四层含义：第一层体现为参与创新活动组织的多元性，包括公司、研究智库、高校、风险投资机构、中介服务组织等；第二层集群内部结构是一种战略上的联盟与协作关系；第三层则通过自主创新，形成具有竞争力的产业集群；第四层体现为它是一种创新系统或创新体系。

（3）产业集群与产业链

在中国，一般从产业投入与产出的物流角度来理解价值链（王缉慈，2004），可见产业链更多地体现为上中下游企业之间的联系，以及一系列产业活动环节的联系（王宁，2008），并没有体现出空间集聚的特征，并不一定有地理集中性，更多表现为单一特征，而不是网络结构。显然，前者的概念内容要比后者的概念内容更为翔实，也更为复杂。

(4) 产业集群与工业园区

工业园区实际上是政府为了吸引企业的投资建的一种基础性硬件设施，包括水电，道路，厂房等，在某种程度，使众多企业聚集在一起，实际上为产业集群的形成提供了硬件准备。但往往工业园区虽然能够带来企业在空间上的集中，并不一定能促成产业集群的形成，因为政府在招商引资时并未考虑到这一点，工业园区的很多企业并没有业务上的联系，没有形成资源的互补空间，企业之间缺乏联系。所以往往工业园区的经营模式比较重要，政府应更多地考虑从产业集群的角度经营工业园区。

2.3　创新的概念及辨析

创新（innovation）一词，近几年变得越来越热，诸多国家在战略层面予以重视，尤其是我国政府近两年更是大力推进创新驱动发展战略，鼓励大众创新、万众创新，从而打造经济的升级版，既而以创新行为对象的研究活动也成为学术界越来越关注的重要问题。逻辑学大辞典对创新一词有较为详尽的解释，它认为创新是人类所特有的，是极具能动性的创造活动。依据创新活动进展程度的差别，可以将其区分为：①渐进创新，即缓慢却不间断的小范围创新；②激进创新，体现为彻底创新，尤其在认知与陈旧范式的变革上较为激进。同时依据创新主体间的差异，也可以将创新区分为：①自主创新，是指创新主体具有独立性，不凭借其他主体的力量或资源而实现创新过程；②模仿创新，一般基于已产生的创新成果及创新利益上，创新主体加以合法引进并进行新一轮的改进，从而形成的创新活动；③协作创新，是指多个创新个体通过协作互补的形式，而产生的创新性活动。同时创新具有四个基本特征：实践性、超越性、不确定性以及稀缺性。

美国经济学家熊彼特在《经济发展理论》一书中对创新的认知，被赋予经济学意义。他认为创新就是"建立一种新的生产函数"，是指商业主体对不同生产要素的掌控，将关于生产的要素、条件极其体系进行充分融合。它包括5种情况：引入新产品；采用新的生产方法；开辟新的市场；获得原料的新来源；实行一种新的企业组织形式。创新可以使企业家获得超额利润。事实上，创新一词已广泛运用于诸多学术领域中，在社会科学研究领域，就产生了比较热的研究点，如创新网络、区域创新系统、创新型组织、创新集群（OECD，1999）等。

与创新有比较相近意思的有创造和发明两个词汇，在此加以简要辨析。所谓创造，一般指人类（包括集体和个人）有目的地认识世界和改造世界，推动社会进步的开拓性活动，也常指首创前所未有的事物，属于人的活动范畴，是人的活动的本质特征。显然创造相对于创新来讲是一个更加具体的人类行为，一般相对于自然界而言，其外延较为狭窄，而创新则更加抽象，它除了具体的创新性活动，还包括了思想、理论、战略等抽象意义方面的创新，其外延更加深远。发明是指人类创制新的、前所未有的产品（包括实物的和精神的）的创造性探索活动。我国的《发明奖励条例》和《专利实施细则》则认为：发明是科技领域的新突破，具备以下三个特征：①前人所没有的；②先进的；③经过实践证明可以应用的。可见相对创新而言，发明更多的指向具体的技术对象，强调科技方面的发明创造，更加注重首创性和独一无二性。

第3章 海洋产业集群与海洋产业集群式创新发展

3.1 海洋产业集群的概念、属性及特征

3.1.1 海洋产业集群的概念及属性

Porter（1990，2000）在其1990年发行专著《国家的竞争优势》中认为集群是基于某个产业一系列相互关联的主体，在特定空间范围内的集中，既竞争又协作。随后在2000年的论文中进一步丰富集群的内涵，认为集群是基于公共设施和辅助设施，一系列经济主体和相关机构在特定区域地理上紧密联系并趋于集中的群体，集群的地理范围可大可小。而且带有集群特征的产业有一群相关联的企业实体构成，从纵向上向上下游实体延伸，横向上向相互关联的企业主体延伸。同时Porter也对产业集群进行相关界定，认为它是在某个产业领域内联系紧密、在空间上集中的企业等机构聚合，它包含了多元化主体：相互联系的核心企业实体；产业链条上端的经济组织，配套的支持型主体或机构；产业链下端的各种销售路径及众多消费群体；提供专门化的教育服务、情报处理以及科技服务的公共部门等机构。

国内一些研究人员基于集群或产业集群的认知，并结合海洋产业特性，直接阐释了海洋产业集群的概念。方景清等（2008）对海洋高新技术产业集群做了概念界定，认为是指基于高新技术驱动或能够生产高科技产品的海洋及其相互关联产业集群。王宁（2008）认为其无法脱离于一般性海洋产业，基于海洋产业的内在发展属性与制约因素，与其在产业链条上具有密切关系企业实体和其他支持机构形成特定合作网络，进而建立的有机整体。宫美荣等（2011）认为其是指海洋产业和其相关联的主体在空间上的集中，具有较大经济功能的一种区域组织形态。当然，也不能忽略对海洋产业概念的辨别，因为这对于完善与理解海洋产业集群的内涵有益。所谓海洋产业是指商业实体为了开发、获取以及保护海洋资源所从事的生产和创造性活动，在海洋发展中占据重要地位，更是其发展繁荣的前提条

件，显然，海洋产业具有明显的资源依赖特征。综上所述，海洋产业集群可进行如下定义：众多海洋类企业及配套主体依托海洋，通过基于海洋资源的一系列生产、价值创造活动，进而促使利益最大化，同时通过集中联合，并充分发掘彼此间共享机制，持续获得竞争优势，而构建的呈现网络结构特征的产业演化形态。

故而言之，海洋产业集群体具有如下几个属性：①资源禀赋属性。可供开发与利用的海洋资源将相互关联的企业与相关机构联结集中在一起，如果某个特定沿海区域没有可供利用的资源，如渔业资源、旅游资源、石化矿产类资源，以及港口资源等，那么对涉海类企业的聚集便没有吸引力，从而不可能形成海洋产业集群。②空间上的集中属性。如同一般产业集群的属性，海洋产业集群也表现出向特定区域集中的空间属性，如果在空间上体现为企业的分散分布，各自独立，没有或鲜有交易与其他联系，那么，这样的情境很难有产业集群的出现。③网络属性。实际上，海洋产业集群内的各主体呈网络关系，类似于蜘蛛网状的形态，各节点间紧密联系在一起，而不是基于层次或等级的关系，从海洋产业集群整体来看，这是一个大的网络，从内部来看，则一般可以划分为三个网络层：核心网络层、支持网络层以及外部网络层。④产业及主体的关联属性。体现在集群内各主体都是围绕某个产业进行相关的活动，各主体在功能上是相互补充而不是冗余的，如果某个重要的节点主体突然撤离产业集群内部，可能会影响到其正常运行，如某个研发机构或者主要生产企业等。

3.1.2　海洋产业集群的特征

一些学者对产业集群的特性做过考查。张占仓（2006）在总结国外产业集群发展研究基础上，认为产业集群有产业的专业化、胜任的劳动力、与知识环境的紧密联系、具备创新能力等特征。肖敏等（2006）从产业集群的产生缘由、区域空间、演变过程、产业结构、产业层次五个方面来探讨了产业集群的特征。张聪群（2007）则认为产业集群呈现专门化、主体中小化、效益外溢性、网络化四个特征。总的来说，海洋产业集群既然属于产业集群的一种特殊形式，显然会带有产业集群的一般性特征，但由于是依托于海洋或得益于海洋而形成的产业集群，显然又带有自身的特性，可见，海洋产业集群应具有如下特征：

(1) 具有明显的资源依赖特征

海洋产业集群形成必然依托于某种与海洋相关的资源，这些资源将相互联系着企业聚集在一起，形成较为完备的产业链。如临港产业集群，则依托于深水港的区位优势，为了节省运输成本的考虑，很多加工生产类企业在此聚集，并由于这些企业的需要，一些贸易类公司，科研机构或其他服务型中介在此集中，从而形成较完备的产业集群。

(2) 具有明显的产业专业化特征

主要表现在集群内的各主体基于共同的产品进行运转与联结，形成上中下游的产业链，譬如利用海洋的某些资源进行药物研发生产而形成的产业集群，一些科研机构专门负责产品的研发、设计，一些企业负责产品的生产加工，相关联企业则负责产品原材料的供应，下游的一些企业则负责产品的经营销售，同时某些中介机构可提供相关的政策，信息咨询等。

(3) 具有明显的扁平网络结构特征

海洋产业集群是一种柔性有机的生产形态，而不是机械固化的生产组织形式，集群内的各主体是平等互补的网络关系，而不是等级关系，各主体是其中的一个节点，基于各自的功能体现，可将各主体分为核心节点、辅助节点以及外部节点，海洋产业集群网络结构相应可划分为以企业为主体的核心网络层，以科研院所、高校等为主体的辅助网络层，和以集群外部主体相联系的外部网络层（一般体现为集群所处的外部环境）。

(4) 具有明显的知识和技术外溢特征

海洋产业集群内基于知识与技术的态度并不是封闭保守的，反而由于其内在的集中以及各主体的关联属性，知识与技术的扩散是开放的，带有明显的外部性，实际上，知识和技术的外溢是推动海洋产业集群得以形成和发展的重要原因，为海洋产业集群的创新提供可能。知识和技术的外溢使得各邻近主体都能够参与到学习提升的过程中来，达到知识和技术的共享，员工通过"干中学"进行经验式学习提升，并在相互间的沟通交流中进行互相借鉴与提高。

3.2 海洋产业集群式创新发展的概念、属性及特征

3.2.1 海洋产业集群式创新发展概念及属性

海洋产业集群式创新发展是本书中的提法，关于其概念的界定，没有

文献进行专门提出，当然对于其概念不能凭空而出，需基于一定的相关概念进行探索。在此，主要借助于海洋产业集群与集群式创新的概念，之所以要选择这两个概念，一是与海洋产业集群式创新联系紧密；二是这两个概念都已被正式研究与提出，在理论上相对较成熟。对于海洋产业集群，上文已对其概念、属性及特征做出说明，这里不再予以探讨。关于集群式创新概念的提出，一些研究者做过某些尝试，刘友金（2002）对中小企业集群式创新做了说明，他认为各类相关联的中小企业通过空间集聚，以多种合作方式为基础，获得创新动能，从而获得创新优势的一种比市场组织稳定，比层级组织灵活的创新组织形式，并且这种组织的结构介于纯市场和纯层级两种组织之间，李文博等（2006）认为其是指企业部门进行技术创新的一种高效组织形态。陆立军等（2008）认为其是指具有相互联系特性的各类企业及配套主体基于共同的外部环境，通过资源整合、价值获取、创新和应用不同知识及技术等方式，生产出满足客户需要的高科技产品的创新组织方式。

从上述的概念论述中，可看出存在的某些共同特性：一是中小企业是集群式创新的主体；二是集群式创新实际上可认为是组织范式。概而言之，对海洋产业集群式创新发展的认知如下：异质性海洋企业及配套企业基于空间上的集聚而形成最初的海洋产业集群，随着其生命周期的演化，需要突破衰退期，凭借集群内的持续性知识创造与技术创新，以及正外部性的外溢，各主体共同协作与共享，从而突破衰退阶段进入高新形态的动态演化过程。该定义包含如下内容：①海洋产业集群式创新发展不是静态发展，而是具有动态性，一种突破性发展；②创新更重要的在于知识与技术的创新创造，进而获得价值增值，这种过程具有持续性；③外部性是正的外部性，体现在知识与技术能够相互扩散并共享，从而使集群具有创新发展的驱动力；④空间上的集聚仍然适用于此，各类主体间存在互补关联。

概而言之，海洋产业集群式创新发展具有多重属性，由于其建立在海洋产业集群之上，故包含其内在属性，当然，也有其特殊的属性：①创新属性。创新是其内在属性，它意味着海洋产业集群的发展总是伴随着创新的，因为只有通过创新，海洋产业集群获得升级动能，进而朝高端产业链演变，创新驱动着海洋产业集群的发展。②发展属性。海洋产业集群的生命周期是动态演化的，体现为要么主动或被动升级，进而获取增值优势，要么进入衰退期，在竞争中淘汰，当然，基于利益最大化，升级才是最终选择，发展是唯一出路，必须向高端产业链条方向做出努力。

3.2.2　海洋产业集群式创新发展的特征

显然，海洋产业集群式创新发展具有海洋产业集群的一般特征，包括资源禀赋、产业专业化、扁平网络结构、知识与技术外溢等，但同时又具有自身的特点：

(1) 协同创新性

海洋产业集群式创新发展并非是单个主体各自创新的过程，因为这样的创新方式面临若干缺陷，它使整个产业集群创新的要素变得分散，使集群式创新体系趋于分离，存在创新的重复与创新资源的浪费，最终带来的是创新的低效与失败。实际上，海洋产业集群式创新发展是整个产业集群的创新性活动，从范围来讲，属于中观协同创新，体现为"产学研用"或"政产学研用"，实际上是集群内各主体创新资源的整合，基于共同的创新需求与升级动力，进行合作创新，共享创新带来的成果。

(2) 动态演变性

海洋产业集群式创新发展不是静态的过程，或许存在相对的稳定性，但不是一成不变，否则便不是创新发展。往往内外部环境的变化，迫使海洋产业集群做出变化，要么走向消亡，要么进行升级，迈入更高阶段，所以对于后者创新发展是最可行的路径。所以海洋产业集群式创新发展的过程实际上是基于环境的变化体现为一个动态演变的过程，即向更高一级阶段迈进，一般相对于传统产业集群而言，是在传统海洋产业集群基础上的创新升级，从而获得更好的发展，使海洋产业集群具有更强的创新驱动力与竞争优势。

(3) 风险共担性

创新总是有风险的，并不是每一次创新都能取得成功，或者能得到顺利地使用，同时创新发展需要一定的成本投入，有时候这种成本是巨额的，所以一旦创新未能成功，则意味着成本的投入没有带来相应的产出，即成本失效，面临损失。集群内的单个主体想通过创新发展来带动整个产业集群的创新发展，显然是徒劳的，而且资源也不够，所以集群内的各主体在享受创新成果的同时，也需要共同承担风险，以分化可能带来的损失。

（4）与区域创新系统的耦合性

海洋产业集群式创新发展与区域创新系统有着密切的联系，两者都属于区域经济的范畴，并存在创新要素的共享性，一般来讲，科研院所密集区域容易聚集高科技产业集群，如北京的中关村，旧金山的硅谷等，就海洋产业集群创新来讲，天津便出现了基于海洋的一个制药集群，而且天津拥有南开大学，天津大学，天津中医药大学等科研院所，具有较丰富的创新要素，所以海洋产业集群式创新发展实际上与区域创新系统是相互促进的，互动互补的关系，并共同提升整个区域的创新能力。

第4章 基于网络视角的广东海洋产业集群式创新发展理论研究

4.1 相关的网络理论简述

4.1.1 社会网络理论

Jacobs（1961）在社会资本的研究中提出了社会网络，将"邻里关系网络"作为社会资本进行城市社区的研究，认为社会资本与社会网络关系紧密。Mitchell（1969）提出了社会网络的概念，认为其是各种关系的集合交汇，指基于部分人群的所有正式与非正式的社会关系，体现为一种直接的社会关系以及受环境和文化所影响的非直接社会关系，并认为一个社会网络中至少包含行动者、他们之间的亲密度以及其连接的途径等构成要素。邵云飞等（2012）在总结国内外文献的基础上，认为社会网络理论包含如下内容：

(1) 弱关系力量假设和强关系理论

Granovetter 提出了"弱连接优势"理论，是社会关系网络理论的最主要创立者，他将社会关系划分为强关系和弱关系，前者主要是在既有类似社会特征的个体或组织间建立而成的，容易在个人之间或组织间建立和发展信任，形成一种长期且稳定的友好关系。而弱关系是在具有差异的社会中异质的个体或组织间培育而来的，体现为一种联系纽带，更有利于信息的交流与扩散，形成新的关系。他还提出了测量关系强弱的四个维度，分别为互动次数、情感动能、亲密关系程度，以及互利交换。

(2) 网络"嵌入性"理论

卡尔·波拉尼最先提出嵌入性的概念，认为人类经济活动与制度是紧密相关的，尤其在至关重要的非正式制度中体现明显。Granovetter（1985）在其著名论文《经济行动与社会结构：嵌入性问题》中对嵌入性开展了进一步研究，认为企业经营关联到社会网络之中，其促成交易的前提是相互信赖，可见，社会网络有助于信任的培育，而这种社会网络下的信任结构包含着经济行为。

(3) 社会资源理论

华裔学者林南（1982）是社会资源理论的集大成者，他认为社会资源与社会网络紧密关联在一起，而且这种资源最初并不被个人所有，而是需要通过个人的社会关系结构来获得。并提出了该理论的几大假设：一是地位强度假设，即社会地位会影响社会资源的获取；二是弱关系强度假设，即社会网络的差异会影响社会资源的获得；三是社会资源效应假设，即其多寡会制约具体绩效的产出。

(4) "结构洞" 理论

Burt 所著的《结构洞》这本书中提到，关系是强是弱与社会资源的丰富程度及社会资本的数量不具有直接关联。他提出了两种特殊的社会网络联结：一是开放式网络，即某单一网络与其他网络不具备必然关联或没有关联；二是没有缝隙的封闭式网络，即网络个体彼此间均具有联结性，并不存在联结中断现象。李梦楠等（2014）认为结构洞理论在企业主体间竞争行为的运用，体现为资源获取优势与关系紧密优势的获取，在结构空洞化社会网络的竞争主体的竞争优势更重要的是来自于关系优势，而不仅仅是社会资本优势。

4.1.2　知识网络理论

心理学家 E. 加涅于 1985 年率先阐释了知识网络的概念。在管理学领域，瑞典产业组织较早阐释了知识网络的概念，他们基于企业内和企业间两个视角展开，即源于企业内的知识网络是由员工凭借知识生产与共享来进行知识运用的网络，企业间知识网络是以单个组织为节点、以知识互动为枢纽而形成的网络。刘江丽等（2010）在其关于知识网络的综述性文章中从四个层面对知识网络进行了分类。从其演变的层面来看，可以分为两类，一类是非人为形成的，这类知识网络主要是如何提供一定的外界环境对其加以培育以提高其绩效（Seufert，1999）；另一类则是人为形成的，即人为构建的网络。从其构成的结点形态来看，知识网络一般分为三类（席运江等，2005），分别为群体、机构等知识产出主体间的网络，人类发展与知识需求间的网络，以及不同知识间的网络。从知识网络结点之间的关系层面来看，席运江（2006）指出组织中存在三种类型的知识网络、K－K 知识网络，P－P 知识网络，以及 M－M 知识网络。从知识网络层次层面来看，知识网络可分为三类，分别为单个知识网络、基于组织形态的知识网络、带有社会特征的知识网络。

对于知识网络的结构划分，Seufert 等人（1999）认为知识网络由物理依赖层、知识运行层、环境影响层构成。马德辉等（2008）则认为其由核心层（具有相同认知的企业员工、小组组成）、中间层（由企业中的任务辅助部门组成）、外围层（由公共部门、消费群体、供应商、高校等组成）构成。对于知识网络的构建，杜元伟等（2013）在其综述性文章中认为知识网络的构建模型有如下几种：知识网络的经济学形态（集知识产出、整理综合及互相分享为一体的具有网络特征的结构体系）；知识网络的企业模型（主要对企业作为网络节点而产生的知识体系）；知识网络的结构模型（关注基于知识产出的不同实体间的逻辑关联）；知识网络中的超网络模型（知识存量如何表示、如何测量、如何进行结构研究）。

4.1.3 创新网络理论

通过文献分析，创新网络理论在企业、区域以及集群式这三个方面研究较为集中。对于企业而言，郝迎潮等（2008）认为企业创新网络是企业组织形式的创新和变革，企业通过利用信息技术手段与外部组织培育相互信任、持续性合作的各种合作制度设计，从而获得创新资源、增强创新动能和竞争优势。并认为企业创新网络具有协同创新、合作关系的稳定性与可持续性、合作形式的非封闭性、网络节点的多元性等特点，企业、高效和科研智库、公共部门、资本市场、中介组织等主体构成了企业创新网络，且在网络中发挥着不同却又紧密联系着的作用，中间组织理论、交易费用理论、动态能力理论等理论构成了企业创新网络的理论基础。在地区创新网络方面，一些学者指出地区创新网络是嵌入到特定地区创新环境中，空间内的各主体协同利用多种创新要素，生产出符合社会需求的特定的产品或服务，表现为具有一定开放性和稳定性的区域创新组织形式。张满银等（2011）在其综述性文章中总结了区域创新网络的某些共性特征，如强调网络内协作交流的重要性，主张网络根植于本地才能推动创新，网络本身具有一定的开放性和稳定性，以及强调区域创新网络与其环境的依存性，并认为学术界在区域创新网络研究方面存有差异，主要体现在研究的视角不同，创新主体认识的不同，以及新要素及创新链关系的理解不同。

集群创新网络，实际上是诞生于产业集群的，以创新为媒介，而由多主体协作而形成的一种网络结构形态，实际上，这使得集群内的企业比集群外的企业更具有创新优势，体现在这样一种网络结构的存在，使创新资源能集中整合，避免了创新资源的分散分布与直接耗损；集群内主体间的创新协作，不同思想的碰撞，易激起创新的火花，大大增强了创新能力与创新效率。实际上集群创新网络也可以划分为三层，即以集群内企业为创新主体的主导网络层，以高效、智库等第三方机构为主体的辅助网络层，以区域创新系统为纽带的外围网络层。一些研究人员从多元视角对集群创新网络进行过研究。李娜等（2008）从技术学习的角度来探讨集群创新网络，并将集群创新网络下的技术学习分为三种不同类型：第一种技术学习将集群内的经济主体作为主要学习源；第二种技术学习将集群内高校、智库作为主导学习源；第三种技术学习将集群外部机构作为主要学习源。梁孟荣（2007）将社会网络相关理论与集群创新网络结合在了一起，认为正式关系网络可通过一系列机制，包括"知识积聚""共同学习"等，促进集群创新网络绩效。

4.2　海洋集群式创新发展的维度构建——基于 SCP 范式的运用

4.2.1　SCP 范式简述

所谓 SCP 范式就是"结构-行为-绩效"（Structure - Conduct - Performance，SCP）分析范式，源自于哈佛学派的理论研究。JoeBain（1959）在《产业组织（Industrial Organization）》一书当中提出了较为经典的"结构-行为-绩效范式"理论。他认为，市场结构可以通过买卖双方的市场占有率、产品的异质性以及进入壁垒等来表示；市场行为主要包括企业之间的相互合作、垂直整合、掠夺性定价、广告和产品技术研发等策略行为；市场绩效则使用盈利水平和技术效率等指标来反映。但最初对于 SCP 范式的运用主要集中于"结构-绩效"的两段论范式，而忽略了对企业行为的关注。所以，Frederic Scherer（1970）通过吸收和发展了 Bain 的观点，在《产业市场结构与经济绩效》一书当中将两段论范式扩展为"结构-行为-绩效"的三段论范式。总而言之，如同哈佛学派所阐释的，结构、行为和绩效三者呈单方向制约特点，表现为市场结构制约市场主体行为，而市场主体行为又能提升市场经济绩效，当然市场结构总是备受关注,体现为市场经济主体的数量与经济效率改善的关系作为判别标准,而且公平竞争的市场结构对于产业组织发展意义重大,需要对市场中的垄断力量进行合理的规制,提倡实施较为严格的违反垄断规则。

然而,经济发展的进一步深入,芝加哥学派对哈佛学派的部分观点出现质疑,在于企业的市场结构、市场行为和市场绩效之间是双向互动、制约的多重关系,而不是哈佛学派所提出的简单的单向因果关系,而且在三者的关系链中,市场绩效具有根本性的功能,并决定着市场结构的形成,而不是哈佛学派所认为的市场结构中心论。此外产业中的规模积聚与集中现象并不是因为产生了垄断势力,而是该产业中企业的那些高效率因素作用的结果。芝加哥学派进一步认为政策主要取向是放松反托拉斯法的实施和政府规制政策,反托拉斯政策的重点应主要规制目的不合理市场行为。事实上,通过哈佛学派和芝加哥学派的努力,"结构-行为-绩效"(SCP)范式下奠定了"传统产业组织理论"在经济学理论中的坚实地位。此后,建立在"博弈论"和"信息经济学"基础上的"新产业组织理论",将博弈论等分析工具引入到企业行为的分析中,使新产业组织理论在逻辑推理上更为严密。总之,SCP 范式将随着社会经济的进一步发展,在理论与实践方面也会得到相应的丰富与革新。

4.2.2 海洋产业集群式创新发展的三维度构建

基于"结构-行为-绩效"(SCP)范式的理论运用,以及结合海洋产业集群的自身特点,从而衍生出海洋产业集群式创新发展的三个维度:结构维—机制维—动力维。所谓结构维表现为海洋产业集群内各主体之间以及集群内与集群外相联系的主体之间的一种网络关系,每一个主体根据其自身的作用,对应于网络中的不同节点,从而形成整个集群网络中的核心节点,辅助节点以及外部节点,而且这种网络结构体现为一定的关系强度,各主体依存度越高,那么协同合作的产出将会更好。机制维表现为促进海洋产业集群式创新发展的各种机制的整合,包括知识扩散与共享机制、竞争与合作机制,以及升级机制等,这些机制的政策发挥既能够降低协作的成本,促进协作的高效,又能避免跌入产业集群发展的洼地,实现其创新发展、快速发展。动力维主要表现在海洋产业集群式创新发展的内生型动力与外源性动力两个方面,内生型动力表现在海洋产业集群内各主体主动的创新发展欲望,一种主动作为,积极进取的态度,通过内部竞争与合作，充分的激励与自主学习，从而进入一种自主创新，自动升级的产业集群发展过程，外源性动力表现在外部环境对海洋产业集群所产生的影响，包括政府政策（鼓励或规制）、市场环境（良好或卑劣）、竞争程度（激烈或微弱），以及在整个价值链中的位置（低端或高端）等。

而且这三个维度并不是完全独立的，而是紧密地联系在一起，共同发生作用，从而促进海洋产业集群式创新发展。这样的一种网络结构为各主体提供了一种定位安排，明晰自身所处的分工位置，为协作与共享提供了可能，也有利于各种有效机制的产生发展；机制的良好作用为集群内的创新发展提供了内生型动力，并能使各主体灵活有效的应对外界环境的变化，进一步巩固集群内的网络式结构。

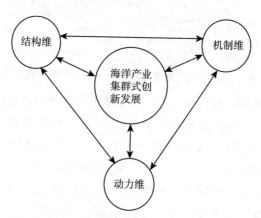

图 4-1　海洋产业集群式创新发展的维度构建

4.3　海洋产业集群式创新发展的结构维分析

海洋产业集群式创新发展的结构体现为一种网络的特征，针对集群内各主体以及与集群相联系的外围因素的功能定位，将其整个网络划分为主导网络层、支持网络层以及外部网络层。主导网络层是集群内的主要涉海企业，包括集群内的龙头企业、原材料生产与供应企业、成品生产企业以及产品销售等企业；支持网络层由高校、智库、公共部门、金融机构、中介组织等构成；外部网络层，则体现与海洋产业集群式创新发展联系紧密的外围环境，包括区域创新系统、全球海洋产业网络等。

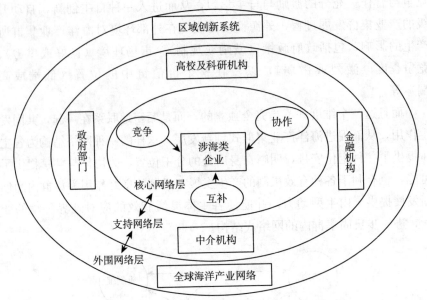

图 4 - 2   海洋产业集群式创新发展的网络结构形态

这三层网络不是割裂存在的，而是基于集群内的产业联系、知识分享和集群外部的社会制度与公共部门服务等相互联系在一起（王贤梅，2009），从而构成较完整的海洋产业集群式创新发展网络。网络中的各节点之间存在着相互制约、相互依赖、相互促进的关系，但又有一定的相对独立性，通过产业集群网络，各节点需强化自身的核心竞争力，谋取网络利益，并进行相互分工与协作，与不同的创新资源发生组合与配置，共同推进创新活动的展开（王辉，2008）。

4.3.1 海洋产业集群式创新发展中的核心网络分析

涉海类企业是海洋产业集群式创新发展的核心主体，包括一定数量的大企业和中小企业，企业之间由于分工的差异，构成了竞争、协作、互补的关系，并从整个产业链条来看，可以将这些企业划分为供应企业、需方企业、相关企业，以及互补企业等。具体来讲，基于纵向的视角，这些企业包括原材料或半成品的供应商、成品的生产制造商、产品的推广或销售代理商，以及专门提供各类服务的服务商（包括生产设备的维修与维护，基础设施的建设与维护，餐饮生活服务等），同时，还需要与下游客户打交道，可能是产品经销商，也可能是产品的直接使用者。基于横向的视角，核心企业与相关企业、互补企业构成了横向联盟，可以理解为是联系比较紧密的利益共同体，彼此间的协作、沟通交流、信息的共享是频繁的。

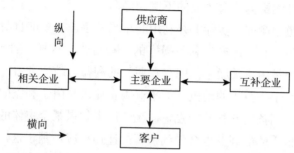

图 4-3　海洋产业集群式创新发展的核心网络结构形态

各类企业在海洋产业集群式创新发展过程中担任主导角色，海洋产业集群是否能得到创新发展，关键在于集群内的企业是否得到创新发展。企业是创新的主要推动者，其发展既受制于创新，也得益于创新，很多科研院所研发的成果，需要企业进行实际的运用，将其转化为现实成果，并进行推广，批量生产。企业作为集群内主要经济主体，受利益的驱动，以及对市场的灵敏反应，具有进行创新活动的强大动力。产业集群的出现，使得各种创新要素在此聚集，企业之间进行互相交流学习，通过干中学的形式，进行经验创新和模仿创新，并与区域内的大学或科研院所进行合作，进行共同研发与创新，从而形成以企业需求为主导的强大创新共同体。正是由于企业的主导作用，从而将集群内的各种创新要素充分加以利用，创新的活力得以强劲迸发，形成一种良好的循环，创新不断得以延续，产业集群不断得以创新发展，区域的创新能力也不断得以增强。

以创新驱动为特征的集群内企业网络的形成，将大大促进企业之间的互动协作，不断增强企业间联系紧密度，提升企业之间的信任度。企业间交易更加迅速便捷，大大缩减各种显性及隐性成本，同时知识与技术的外溢，使得集群内企业都有向"先进"学习的机会，从而不断提升自己，共同进步。这样一种"网络正效应"主要体现在：

（1）减少集群内涉海企业的交易费用

集群内的企业由于经济利益的趋于一致性，使协作成为主要的选择方式，并构成了集群企业网络。企业间建立起来的联系与信任，增进了彼此的了解，降低了交易信息的不完全性，使交易变得简单便捷可靠，形成了一种非正式但又能使交易双方都能得到有效遵守的交易契约，减少了交易前因陌生不信任而带来的信息收集成本，反复博弈成本，以及交易后的监管成本。

(2) 降低集群内涉海企业的不道德倾向

所谓不道德倾向，实际上是利用非正当的手段来牟取自身利益的最大化，而对其他关联主体产生利益损害的一种行为。这样一种行为的发生，在很大程度上是由于关联主体间存在明显的利益分歧或利益冲突，具有较强的产生机会主义行为的动机。但集群内企业正是由于利益的趋同而构成了协作网络，利益的互补性较强，甚至会产生如果某个主体的利益受到损害，那么其他主体的利益也会受到损害的连锁反应，基于这样一种利益共同体的构建，发生不道德倾向的动机并不明显。

(3) 增强企业所处环境的可预期性

市场风云变幻，供给和需求无时无刻不在波动，由于存在信息接收的不完整以及信息的不对称，这使得单个企业无法完全掌握市场的动态，面临较大的不确定性，使决策脱离现实轨道。但是集群企业网络的形成改变了单个企业奋战的境地，由于产业链的较完整性，各企业都被联合在了一起，供应商、生产商、经销商、客户等，形成较完全的互补性。各涉海企业可联合起来共同应对外部环境的不确定所带来的挑战，深处核心网络中的各类涉海企业承担更低的交易费用以及加深彼此间的紧密度，降低外部环境对企业的冲击。

(4) 促进企业间相互学习与协同创新

企业网络的形成实际上减少甚至清除了企业间交流的壁垒，由于交流的便捷和信息的易获取性，使得企业间能够进行相互学习，知识得到扩散甚至升级，而不是封闭在某个企业内。这样的情境之下，企业间的协同创新成为可能，集群将各类要素聚集在一起，其中包括创新要素，显然单个企业创新的力量有限，所以其协同创新网络的产生成为集群内企业的现实选择，通俗一点来讲，就是每个企业都能为创新出一点力，贡献一点资源。

4.3.2 海洋产业集群式创新发展的支持网络分析

支持网络是由公共部门、大学及科研机构、金融机构、第三方主体等充当节点而形成的一种扁平化网络，之所以称之为扁平化网络，是因为这些节点不存在隶属或等级关系，是相对独立的，在网络中承担着各自的功能。当然就政府部门来讲，政府部门有对其他机构进行监管或规制的权力，但这也必须具有合理性与合法性，在这不予较多探讨。支持网络主要是对核心网络起到一种辅助作用，主要体现为各种资源要素的提供或补充，包括设施、资本、知识、技术、信息等，这些要素在集群内的核心网络中是不足的或缺乏的，但对于海洋产业集群式创新发展又是必需的，所以支持网络在整个海洋产业集群式创新发展中具有不可忽略的重要作用。

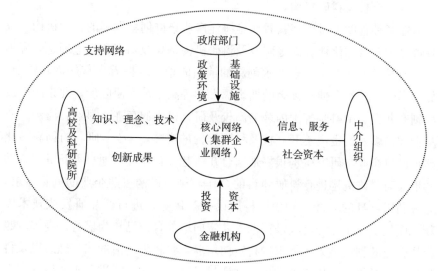

图 4-4　支持网络对核心网络的作用机制

（1）公共部门

政府作为权力的执行机关，以及最大的公共机构，具有促进和维护社会经济发展的职能，正因为其自身的特殊性，政府握有大量的资源，并在区域经济发展中扮演"掌舵人"的角色。显然，海洋产业集群式创新发展离不开政府部门的支持，包括基础设施的建设、政策的供给，以及健康的市场环境维护等。海洋产业集群是依托一定的海洋资源而向某个区域进行聚集，它不是虚拟的形态，而是实体的产业形态，所以需要有一定的设施作为其存在、生产、运营的场所，包括道路、厂房、仓库等，这一切，只有政府才能有效地完成，或者说这是政府发展经济所必须做的，即为企业的发展提供良好的"硬件环境"。同时，集群在不同发展阶段，需要相应的政策扶持，譬如在起发展初期，政府需要维护好一个竞争有序的市场环境，并在税收贷款方面给予政策支持。而在成长及成熟阶段，政府要在集群创新方面予以支持，帮助其进行升级，以便能更好地发展，而在集群的衰退阶段，政府应通过政策引导的方式，使淘汰企业有序退出集群内，并能使朝阳企业有序进入到集群内，促进海洋产业集群的良性发展。当然，政府部门不能主导海洋产业集群的创新发展，不能管得过多，以致超越了管理边界，而是应尊重其发展的规律，顺势而为，在关键时刻，多做雪中送炭的事情。

（2）高校及科研机构

在某种程度上可以将其看作是海洋产业集群创新发展的智囊机构，或者说是创新合作伙伴。高等院校及科研机构是高级知识和先进理念的聚集地，也是扩散地，是科学技术创新的前沿阵地，掌握着丰富的创新资源，如美国的"硅谷"便有著名的斯坦福大学等高校及科研院所，北京的中关村则有北大、中科院等国内著名高校及研究机构的存在。显然，海洋产业集群式创新发展也离不开高校及科研机构的支持，"产学研"的创新转化路径已将企业与研究机构很好地结合在一起，企业可以通过创新资金资助的形式与科研机构进行科研项目的合作，科研机构按照企业的创新需求，充分利用自身的人才、知识、科研设备等优势，进行产品研发或技术创新。而且现在企业与高校进行的人才定向培养合作已较为盛行，高校按照合作企业的创新型人才需求进行定向培养，将较为前沿的知识理念以及科研技能传授给定向培养的学生，并通过见习实践的形式进一步拓展其综合技能，以满足合作企业的人才需求。当然，企业也可通过购买的形式来获得科研机构的创新研究成果，将其运用到生产实践中，从而获得现实收益，科研机构也可通过的入股的形式将其科研成果委托给合作企业进行现实应用，共同分享其所带来的收益。海洋产业集群内企业和科研院所理想的创新互动，将为海洋产业集群式创新发展增添强大能量。

（3）金融机构

显然金融机构代表着财富，是财富的聚集地，也是财富的经营管理机构，如银行、基金、投资公司、民间借贷机构等。金融机构对于海洋产业集群的创新发展有两重效用：一是资本的有偿或无偿借贷；二是通过收益共享的形式进行直接投资。总体来讲，金融机构对海洋产业集群创新发展的作用便是资本的支持。创新并不是一蹴而就的事情，而是需要耗费相当多的人力、物力和财力，是一个较长过程，需要充足的前期准备；而且并不是每一个创新都能成功，都能产生成果，所以还会面临失败的风险，承担较大的沉没成本；成果转化为现实应用，也经常面临诸多的不确定，作为新生事物，是否符合市场预期，消费者是否认可、是否接受等，这些因素都很重要。所以当一个产业集群处于发展初期时，并没有雄厚的资本来进行创新的研发以及承担创新的风险，尤其对于具有高投入、高风险、高收益特征的高科技产业集群更是如此。金融机构无疑可以分担这样的一部分压力，通过为海洋产业集群初期发展提供金融支持与管理支持，保证了集群创新发展的内在动力，进而保证了其创新能力的可持续性。显然，金融机构的资本进入大大降低集群创新发展初期的风险，为其资金的获得提供了多元渠道，风险将由集群主体与多个投资者进行共同承担，同时政府部门也为了发展区域经济的需要，通过担保人的形式，鼓励地方金融机构为当地海洋产业集群的发展提供金融支持。

（4）中介组织

这类组织在海洋集群式创新发展中具有强大的黏合作用，包括信息整合、资源整合等，类似于一个道路枢纽的形式，为集群提供多元服务。产业集群中的中介组织实体较为宽泛，既包括了公共事业单位、营利性质的服务机构，也包括第三部门织。李志刚等（2004）认为集群内的中介组织在与公司、公共部门、科研智库、金融部门等集群成员既培育紧密关系，也为集群内的知识技术外溢、信息共享，以及产品专业化和开拓市场提供决策咨询和资源调度的服务。王辉（2008）认为产业集群的中介支持结构包括三个层次：创新支持层（对科技发明提供服务的机构）；资源配置层（关键性资源供给与配置服务的机构）；外围服务层（在会计、审计、律师、专利、价格评估等方面发挥作用的社会通用型服务机构）。中介组织相当于集群企业主体的左右臂，帮助企业解决其不善于做的事情，大大提高整个产业集群的经济效益，同时中介组织的存在可以帮助拓展整个产业集群的关系网，并将更多社会资本引入进来，扩大产业集群与外部的合作空间及其发展空间。基于中介组织的多元性，更多信息要素被引入到产业集群内，包括最新的产业发展动态，科研动向、市场形势以及管理决策等，显然，这可以为产业集群内的企业主体运行提供良好的可利用信息，在决策方面将更具科学性。

4.3.3　海洋产业集群式创新发展的外围网络分析

所谓外围网络，是指海洋集群式创新发展所面临的外部环境，这样的外部环境，既指区域创新系统，也可扩展到全球整个海洋产业网络。在经济全球化愈加深入的今天，尤其在跨国企业的作用下，全球范围内的产业链分工已十分盛行。新形势下，国内海洋产业集群的发展绝不能坐井观天，闭门造车，而应主动融入区域创新系统，加入全球的海洋产业网络，充分获取外部显性知识，并在整个产业价值链条中获得更有利的位置，避免步入"区域锁定"与"技术锁定"的陷阱，从而推动海洋产业集群的升级，步入海洋产业集群式创新发展阶段。

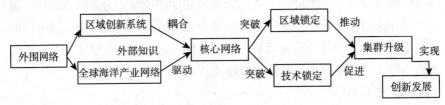

图4-5 外围网络对核心网络的作用机制

(1) 海洋产业集群式创新与区域创新系统的联系耦合

从空间地理来看，区域创新系统和和海洋产业集群作为两个开放的系统，都属于区域经济发展的一部分，两者同被包含于当地的区域经济发展之中，尤其是内生型（本地化）海洋产业集群更是依赖于当地的海洋资源、区位优势、人才优势、科技创新等要素形成、发展、壮大，深深地根植于当地的经济文化以及创新系统之中。当海洋产业集群式创新发展到高级阶段，其创新系统甚至与区域创新系统有重合趋势，区域经济的创新驱动完全由本地海洋产业集群创新发展驱动，海洋产业集群成为区域创新系统的关键推动力。从创新要素的共享方面来看，海洋产业集群式创新与区域创新系统实际上是共享区域的创新资源，包括企业、大学及社会智库、中介组织等创新主体，并由此带来的知识扩散与共享。网络结构下的海洋产业集群创新网络与区域创新网络，都可以划分为以企业为主体的创新核心网络层，以科研院所、中介机构等为主体的创新支持网络层，以及嵌入到全球海洋产业网络及全球经济体系的创新外围网络层，显而易见，这两者所依赖的创新资源是重叠耦合的，并不是相互割裂开来的。从两者互动机理来看，海洋产业集群式创新与区域创新系统是相互促进，相互提升的关系，而不是此消彼长的零和博弈，区域创新系统越发达，既有利于内生型海洋产业集群形成，又对外生型海洋产业在当地的集聚形成强大的磁场吸引力，反过来海洋产业集群在此的形成，又促成了很多创新成果的现实运用，提升了区域创新绩效，而且知识和技术的外溢，使知识在区域扩散流动，促进海洋产业集群式创新发展，从而为区域创新注入动力，增添活力，最终增强区域创新系统的良好循环能力。

（2）外围网络所带来的外部知识供给

外围网络最大的作用便是能够为核心网络中的企业主体带来外部的知识，这种知识是前沿的、多元的，是核心网络中的企业主体未曾接触过或学习过的，但又对集群企业网络的创新具有重要价值。在全球一体化与区域一体化占主流的今天，如果一个海洋产业集群的创新发展仅仅局限于把眼光置于脚下，而不仰望星空，势必造成思维和实践的路径依赖，从而无法突破创新的某些瓶颈，停滞不前，势必在新一轮的技术革命中错失良机，从而步入衰落，最终被淘汰。所以海洋产业集群的创新发展，应主动融入到区域创新系统和全球海洋产业网络之中，一方面，将眼光置于全球范围内，能够觉察到整个产业的全球竞争状况，进而提升危机意识，倒逼集群内部的技术变革与创新；另一方面，充分学习与吸收世界其他海洋产业集群的创新发展经验以及创新路径，并为我所用，从而突破区域锁定和技术锁定的藩篱，实现海洋产业集群的有效升级。具体来说，海洋产业集群中的企业可以通过被兼并或合资的形式，寻求加入涉海类跨国公司的分工协作网络，既可引入外资，又输入了先进的生产技术或管理经验；通过购买或企业兼并的形式，来获得世界范围内海洋产业领先者的发明专利和技术许可，减少创新的时间成本，缩短创新的过程；充分利用世界著名的涉海类科研院所的创新资源，通过签订合作协议的形式，进行共同研发，并将其纳入到协同创新网络之中。海洋产业集群的创新发展最终应嵌入到全球产业价值链中，在全球范围内竞争，共享全球技术革命带来的丰厚成果，形成具有世界影响力的海洋产业集群，并处于全球产业价值链中的上端，而不是低端。

4.4　海洋产业集群式创新发展的机制维分析——基于全球价值链的视角

4.4.1　全球价值链的内涵

价值链（Value Chain）在 1980 年被提出来，主要关注企业内部的价值创造以及如何培育竞争优势（周虹，2005）。迈克尔·波特最早在其书中对价值链试图进行界定，主要是以企业为研究对象，他认为企业对于价值的创造可以分解为许多具有异质性却又紧密联系在一起的活动，包括研发、供给、生产、销售、成交以及对产品起辅助作用的各种价值活动，如果把这些活动用一种链条的形式将其串联在一起，则构成了企业的价值链。可以将其划为两类活动：一是基本增值活动，包括生产、营销、物流以及服务等环节；二是辅助性价值创造活动，包括原料供应、科技研发、人力资源管理和企业经营等环节。同时，产业链和供应链的盛行，使人们对价值链内涵的理解趋于模糊，主要由于这三个术语有着某种程度的联系，但如果仔细加以辨析，这三者的内涵有着较为明显的区别：

(1) 价值链与产业链

所谓产业链是各企业单位基于一定技术经济联系而产生的一种产业合作形式。产业链将上中下游的企业串联在一起，并彼此进行价值交换，上游企业向下游企业提供必要的要素，而后者向前者提供信息情报等。而且其具有空间属性，体现在将不同地区的企业个体联系在了一起。一个较为全面的产业链条包括原料引进加工、中间产品生产、成品包装、经销、售后服务等节点。相对于产业链，价值链的范围要小，一般针对于个体企业，企业内外部的各种活动是有价值的，但有大有小，企业如果要提升市场地位，必须优化企业整个价值链条，促使价值的最大化。但随着经济联系愈加紧密，价值链条已延伸至整个行业，形成行业价值链，每个企业是其中的某个价值节点。产业链条的广度和深度要比价值链更为突出，但事实上，后者是内嵌于前者中的，因为产业链条不仅是由企业个体构成，某些产业链条甚至跨越了行业，将不同行业也紧密联系起来。

(2) 价值链与供应链

对于供应链的认知起先是由扩大生产概念演变而来的，现代管理教育对供应链的解释为"供应链是依据主导企业，凭借对信息、物质、资本等要素的掌控，从初级产品的引入，中间产品的生产以及终端产品的产生，最后通过各地销售网点把成品提供给客户的将原料供给企业、生产企业、经销网络、零售门店，直到终端客户形成系统的商业链条结构。"可见供应链是相对多个企业而言的，是企业之间的链条连接，尤其是以核心企业为中心点，构建在功能上具有互补性的合作链条。相对于价值链，供应链条更强调企业之间的功能性合作，也是企业间的外部合作，体现一种互补的上中下游关系。但随着价值链条向企业外部的延伸，价值链条已超越企业内部的界限，随着企业间合作的深化，供应价值链条得以形成，每个企业的行为将对供应价值链的整体效能产生影响。

基于价值链理论的积淀，以及全球经济的深度合作，国际分工的日益深化，很多学者开始关注研究全球价值链（Global Value Chain，GVC）专业术语。Gereffi（1999）等学者在 20 世纪 90 年代构建了全球商品链理论，重点关注差异性价值创造节点的全球商品链的内部构造关联，以及在实证方面研究发达国家的部分企业怎样对全球商品链发展施加影响的问题。基于此，Gereffi（2003）创新性地阐释了全球价值链的内涵并构建了情境相符合的理论框架。斯特恩（2001）从经济实体多寡、区域构成以及创造性经济实体三个维度来界定全球价值链条。张辉（2004）认为其是基于全球性的分工协作与贸易，其目的为了创造商业价值而将供给服务、生产服务、销售服务以及最后信息反馈等完整过程连接在一起的跨主体网络结构，它包含所有参与整个价值链创造过程的实体组织，以及它们之间的利益、价值的合理分配。

4.4.2　海洋产业集群升级的内涵

基于产业生命周期理论，产业集群会经历萌芽期、形成期、壮大成熟期、衰退期等阶段，如何避免产业集群从发展的成熟阶段步入衰退阶段，显然最根本的路径便是实现产业集群的创新升级，找到新的增长点，实现更高阶段的发展。关于什么是升级，李文秀（2012）从竞争力的角度和价值链的角度对其进行了解释，认为升级就是通过创新实现价值增值，升级的过程便是创新发展驱动的过程。黄永明等（2006）认为升级是体现为较高收益的经济生产方式的转移，并总结了产业集群嵌入到全球价值链升级的几种形式：生产技术与流程升级、终端成品升级、集群功能升级，以及跨越某个产业升级。朱建安等（2008）认为升级既是一种宏观上的比较优势，也是微观企业为改善自身状况而不断从事高附加值的活动，产业集群的升级不能简单理解为其内部个别经济主体升级的简单相加，而是嵌入全球价值链条基础上整个产业集群网络升级的动态过程。张辉（2008）认为产业集群升级与不同于一般所讲的产业结构升级，产业集群升级的内容既包括了产品升级，也包括了其他部分的升级，如技术升级、产业结构升级、生产功能升级，是一种系统性的升级，其根本特性强调发展创新，凭借创新持续增加产品附加值，进而增强其在整个全球价值网络中的竞争优势。

基于升级以及产业集群升级的丰富内涵，并凭借海洋产业集群自身的属性的认知，可以将海洋产业集群升级进行如下定义：基于资源约束与全球海洋产业网络的渗透，海洋产业集群在嵌入到全球价值链的同时，不断通过技术方面的创新，对集群网络进行全面系统的变革，包括产品、要素、结构、功能等，以逐步摆脱对海洋资源的过度依赖，增强自身发展的活力，并不断向全球价值链条上游延伸，形成一种高附加值产出的发展过程。其定义包括下列内容：①海洋产业集群不同于一般的产业集群，其具有典型的资源依赖特征，所以海洋产业集群升级的目标之一便是减弱对海洋资源的依赖程度，增强自身的可持续发展能力；②海洋产业集群升级集群内涉海企业的单独升级，而是整个海洋产业集群网络的升级，是系统性升级；③海洋产业集群升级必须嵌入到整个全球价值链条进行升级，占据价值链条的上层位置，进行高附加值的产业活动，增强在全球的竞争力；④海洋产业集群升级意味着开拓创新，旨在打破产业演化的固有周期，开拓前沿的发展领域，重新焕发发展活力，是较为彻底的变革，而不是改头换面，换汤不换药的自我欺骗式发展；⑤海洋产业集群升级是动态发展的过程，不能以静态的视角去看待，这意味着升级的变数很大，可能成功，但也有可能会失败。

4.4.3 海洋产业集群的升级机制

海洋产业集群升级是嵌入到全球海洋产业价值链条的升级，不是自然而然的升级，而是依赖于一定的动力源触发，Gereffi 把嵌入到价值链中产业升级分为两种：经济主体发起的价值链升级和消费者发起的价值链升级。事实上，生产者驱动是一种基于资本投入的生产驱动，而购买者驱动则是一种基于消费供给的驱动，海洋产业集群的升级也来自于经济主体驱动和消费者驱动，但有一点较为特殊，海洋产业集群升级也受到资源供给驱动的制约。同时海洋产业集群升级的目的便是为了向全球海洋产业价值链条的上端爬升，以便获取更高程度的价值，所以价值获取机制无疑也是其升级的一种机制。

(1) 动力机制

海洋产业集群需要在一定的力量推动下进行升级，即依赖于一定的动力机制：① 资源供给驱动实际上指的是资源供给的变化对海洋产业集群

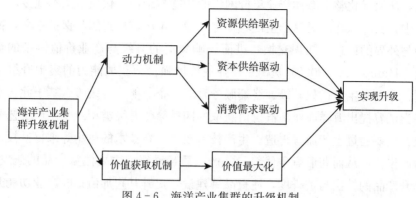

图 4-6　海洋产业集群的升级机制

演化的影响，很多海洋资源是不可再生资源，是有限的，如渔业资源、海洋矿产资源等，同时有些海洋资源并不能直接利用，需要有力的技术支撑进行转化利用，如海洋的动力能、海洋生物制药等。显然海洋产业集群是一种资源型产业集群，受资源供给的影响较大，所以这样一种资源约束给海洋产业集群升级提供了动力。而且升级的效果需达到这样两种状况之一：要么升级到价值链条的上端，从资源依赖型转变为技术研发型，注重知识产权的创造；要么进行技术上的创新，提升对资源的利用程度与使用效率，即较小资源投入能获得更大效益产出。② 资本供给驱动是一种资本投资驱动，海洋产业集群是资本密集型的产业集群，需要巨大的资本投入，升级意味着成本的付出，而且这种成本是较大的，资本供给的力度意味着海洋产业集群是否有足够的资金流来进行创新升级，包括 R&D、技术改进与创新、产品开发、品牌建设等。③ 消费需求驱动则由海洋产业集群的产品需求方的需求转变而推动的海洋产业集群升级，产品的需求方就是海洋产业集群网络中的客户，包括经销商、零售商、个体消费者等，如今，消费需求的总体趋势是向质量型转变，购买者对产品的要求已越来越苛刻，如果海洋产业集群的产品开发模式、生产模式、品牌模式等依然延续原来的老路，而不能有效适应市场需求的变动，可想而知，海洋产业集群的演化必将加速步入衰落期，最终淘汰。

（2）价值获取机制

基于全球价值链条的海洋产业集群升级，最大益处是其能够嵌入到全球价值链条中，增强其价值生产的空间与能力，表现在通过改变其在价值链中位置和组织模式，从而改变绩效和费用，进而获取高附加值的产业活动，从而优化整个海洋产业集群网络的功能与结构。仅仅嵌入本地区域网络中，长此以往，极易产生区域锁定，即产生区域性封闭与保护主义，抵触与外界的信息、知识交换，进而影响集群的升级与产业价值链条的扩展。Humphrey（2002）提出了产业集群增强价值获取能力的集中升级范例：分别为生产过程升级、终端服务升级、企业能力升级等。基于此，本书尝试着提出海洋产业集群价值获取的四种简化升级类型：①生产工艺升级，主要通过生产流程再造、生产技术改进、新技术的运用等来提升投入与产出比，从而获取竞争优势；②产品质量升级，主要注重产品的研发，提升产品的档次与美誉度，注重品牌建设，提升其附加值；③产业功能升级，主要体现在原有集群产业活动的基础上，淘汰低附加值高消耗的产业活动环节，提升并扩展强化高附加值的产业活动环节；④产业链条升级，主要指产业链条的单向跨越，向最高级跨越，或者从较低产值的产业链条升级到有着较高产值的链条，从而获取更多的价值，如从传统渔业的养殖捕捞产业上升到水产品的加工、贸易、销售等产业。

表 4-1　基于全球价值链条的海洋产业集群升级范式

升级类型	升级的功能	升级的方式
海洋生产工艺升级	技术改进与技术创新 生产过程富有效率	生产流程再造，简化生产环节进行技术研发，并引进新的生产组织形式，以获得更大价值
海洋产品质量升级	质量提升 品牌效应明显 产品研发能力增强	加大产品研发投入，强化品牌建设进行市场拓展，扩充市场份额以获取更大价值
海洋产业功能升级	产业活动收益提升 产业价值创造提升	进行海洋产业链条的分析与调整外包或淘汰低附加值产业活动专注于高附加值产业活动
海洋产业链条升级	向新的高端的 产业链条转变	涉足高收益的相关海洋产业领域实行整个产业集群系统的整体转型获取新的发展与价值获取空间

资料来源：整理、改编 Humphrey J，Schmitz H，2002。

4.4.4　海洋产业集群的升级路径

海洋产业集群的升级需要嵌入到全球海洋产业网络或全球价值链中，其升级的路径选择会更多基于全球价值链的角度去考虑，所以本书将从不同价值链的驱动模式与不同价值链的治理模式两个角度来探讨海洋产业集群的升级范式。

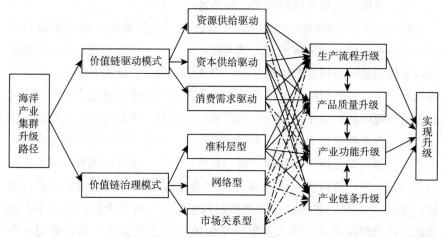

图 4-7 海洋产业集群的升级路径选择模型

（1）不同价值链驱动模式下的升级选择

①资源供给驱动下的海洋产业集群升级主要为了提升资源的使用效率，降低资源供给变动下的产业波动，但并不是说彻底摆脱对资源的依赖，因为海洋产业集群本来就是资源型产业集群，无论是海洋矿产的开发、滨海旅游的发展，还是水产品的养殖加工、海洋化工的发展等，所以资源供给下的海洋产业集群升级一般选择优化生产流程，改进并创新生产工艺，提升产品质量，打造知名品牌，并在发展的成熟阶段，优化产业功能活动，更注重高附加值产业活动的建设，但对于跨产业链条的转型，其升级需求并不迫切，主要是沉没成本以及资源约束的存在；② 资本供给驱动下的海洋产业集群升级由于拥有较大的资本投入，所以在升级路径选择方面，可能的限制要少一些，从而产生较为综合性延续性的选择路径，体现为一开始就会选择投向高附加值的产业活动，向更上端的产业链条迈进，在全球价值链条中获得更有竞争力的位置，同时对于技术的创新升级也非常重视，采用最为前沿的生产工艺，注重产品的研发以及品牌构建；③ 消费需求驱动下的海洋产业集群升级具有更强的升级导向性，表现在要不断满足消费客户的偏好，并通过不断升级来达到此目的，所以集群升级会更注重生产产品的技术升级，以及产品质量的升级，从而不断改造生产流程，创新生产工艺，以符合改进产品或新研发产品的生产要求，同时

会加大产品研发的投入力度，注重品牌建设与产品服务，拓展市场份额，而对于功能与链条的升级需求则并不迫切。

（2）不同价值链治理模式下的升级选择

Humphrey J 和 Schmitz（2000）通过对多个国家的产业集群进行研究，得出不同价值链治理模式对其内部的活动行为以及升级产生不同的影响，并将这些治理模式归纳为三种：市场结构型，网络关系型，以及准官僚制型。市场关系型的价值链治理模式主要体现为价值链条上的经济实体的关系是健康的，以市场的规则与机制进行交易，产品可以通过市场自由获得，不存在控制行为，而且不同环节的经济行为主体之间，根据自身对市场的预测，来开展经济活动，而不是遵循某个特别客户的要求，为它提供专门的产品，价值链上每个环节的产品是标准化的、定制程度低（张辉，2008），可见，各经济主体之间趋向于独立，彼此之间形成竞争，基于此，该治理模式对海洋产业集群系统的升级并没有太多促进或阻碍作用；网络型的价值链治理模式中的各经济主体是平等的，彼此以网络的形态连接在一起，相对于市场关系型具有更强的协作性，相互承诺，彼此信赖，这对双方相互学习与合作创新提供动力，但这类治理模式对经济发展的要求比较高，一般形成于经济发达国家，而从产业集群的发展阶段来看，一般产业集群的成熟阶段较易嵌入到此类价值链中，所以海洋产业集群应该在成熟阶段考虑嵌入到其中，进行升级；准科层型的价值链治理模式中各经济主体偏向于一种不平等的关系，主要由于全球价值链中存在几个或多个主导跨国性企业，表现为主导公司凭借制定生产或产品标准、规

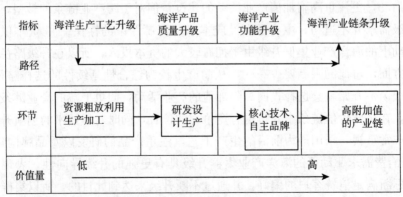

图 4-8　海洋产业集群升级路径

资料来源：整理、改编 Kaplinsky R，Moris M，2001；Humphrey J，Schmitz H，2002。

则，以对整个产业价值生产行为进行调整和控制，但强势企业对价值链条的治理而是体现为一定的开放性，非封闭性与非强制性，嵌入其中的海洋产业集群网络具有一定的独立与自由发挥的空间，并能很好地学习吸收先进的生产、管理、技术等前沿知识，逐步形成一条从产品工艺到产业链条升级的路径。

4.5　海洋产业集群式创新发展的动力维分析

海洋产业集群式创新发展并不是自发的情形，而是基于一定的推动力形成的动态演变过程，这既源于内部的动力因素，也得益于外部动力因素的推进。在此，将海洋产业集群式创新发展动力分为两种类型：一种为内生型动力，源自于集群内部，是核心动力；另一种为外源性动力，源自于集群外部，并通过集群内部起作用，是辅助动力。这两种动力类型的有效互补与良好结合，共同推进海洋产业集群式创新发展。

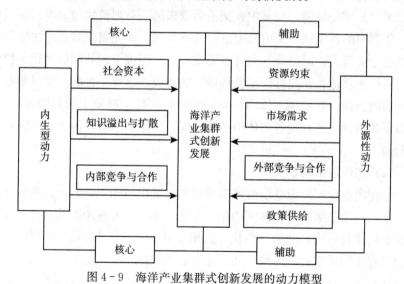

图 4-9　海洋产业集群式创新发展的动力模型

4.5.1　海洋产业集群式创新发展的内生型动力

内生型动力是海洋产业集群式创新发展的核心动力，主要源自于集群内部，包括社会资本、知识溢出与扩散、内部竞争与合作等。

(1) 社会资本

罗伯特 D. 帕特南（2001）自己所著的书中，将社会资本理解为信任、规范、网络的一种联合体，以意大利为例，认为社会资本在促进意大利民主进程方面起到重要作用。杨雪冬（2000）对有关社会资本的文献研究进行梳理后，对相关的内涵进行较全面综合的概括，即认为社会资本是不同主体经过持续性的彼此交流影响后构成的稳定关系形态，并最终基于此而形成的惯例、信念、价值差异以及行为特征。显然，在产业集群创新发展的期间，社会资本具有重要推动力量，海洋产业集群式创新发展也是如此。社会资本的存在增强了集群内环境的可预期性和确定性，以企业为核心的集群网络结构，将各节点紧密地联系在了一起，形成一种开放式的协作格局，大量的信息、资源在各节点中有效传递，加速了知识的扩散与共享。社会资本在集群内的嵌入，增强了各主体间的信任，这种信任的存为各主体的长期协作打下坚实基础，并趋向于形成一种利益共同体，非正式契约与合作机制更为盛行，大大提升了交易达成的效率，以及巩固合作的成果，并使交易前、交易中、交易后带来的一系列费用与成本降至最低点，集群中的各主体可集中精力进行创新发展，而无需应对其他主体带来的机会主义行为。同时，社会资本形成有利于促进一种共同的文化、价值观以及行为规范，在此称为"软环境"的形成，这样一种软环境是集群创新发展的前提，它使各主体的行为能够相向而行，避免了利益磨损消耗，类似于命运共同体，使各主体团结到一起，更能集中资源与力量，进行协同创新。

(2) 知识溢出与扩散

海洋产业集群知识获取方式主要有知识溢出与知识扩散，其来源主要有两个：一个是集群内主体间的相互交流与学习；另一个是从集群外部进行知识的接收获取，并进行内化，运用于创新实践。在整个集群范围内，知识具有比较鲜明的外部性特征，存在溢出效应，知识溢出往往是在无意识的状态下进行的，主要体现在双方交流互动当中。张辉（2008）在此基础上，从内外部将集群中的知识溢出源划分为集群内竞争企业、集群内供应商和消费群体、集群内大学等科研院所、公共部门、集群外部企业或机构。知识扩散更多地体现在人或组织中有意识地交流，如人员流动，集群内某个企业的职工跳槽到集群内另一个企业，同时该职工所拥有的知识系统也携带其中，或者集群外的某个企业的职工跳槽集群当中的某个企业，随之而来的知识也扩散进来，集群内企业跟科研院所等机构的合作也会使知识向集群内企业扩散，非正式交流的方式使得传播富有效率，成为知识创新的重要来源。事实上，知识的溢出与扩散使得集群内各主体间的交互式学习成为可能，并大大增强了学习的效果，同时集群外部知识向集群内的溢出与扩散，使得各种知识相互碰撞与融合，整个集群成为一个开放的富有活力的大型知识库，集群内部知识共享的非排他性，使得内部主体都能共享知识和信息，各取所需，从而激发创新的活力与动力。

(3) 内部竞争与合作

Storper（1995）认为产业集群之所以形成是为了获取竞争优势，而这种竞争优势源自于产业集群内部的竞争与合作。盈利是企业发展的终极目标，海洋产业集群内产业功能相似的企业面对共同的市场，必然存在市场份额的竞争，所以为了获取先发的竞争优势，各企业必然重视创新的驱动作用，而且会谋求占据创新的制高点，获得更加突出的技术优势，产品优势，从而在市场竞争中获得有利地位，保持并扩大自身的市场份额，由于集群内部知识和技术的外溢性，那些已产生的创新成果能够让其他企业得以借鉴吸收内化，同时其他企业也会引进外部的先进技术与理念，从而加快自身的创新步伐，追上或者赶超创新获得成功的企业，并循环往复，形成一种基于创新的良好竞争局面。事实上，由于海洋产业集群的地理集中性，产业专业化，风险共担性等特征，集群内的企业更多的是一种基于合作的协同竞争，称之为"竞争共同体"，这种竞争是一种良性竞争，而不是零和竞争，很多时候，由于自身创新能力的限制，企业之间会进行联合创新，共同承担创新所需的巨额开发费用，同时可以达到知识共享、人力资源和技术优势互补的协同效应，加快集群创新的实现过程，形成共担成本，共担风险，共享成果的良好合作局面。所以，集群内的竞争与合作并不是两个悖论无法进行连接，反而两者是相互促进、相互补充、良性互动、优势累积的螺旋式上升过程，产业集群中的合作加速了集群创新发展的实现，增强了企业之间的竞争协同性，而竞争性则增强了企业创新愿望，加强了企业之间的合作性（陶良虎，2008）。

4.5.2　海洋产业集群式创新发展的外源性动力

海洋产业集群并不是一个封闭孤立的系统，而是一个开放的系统，其创新发展势必会受到外部环境的影响，正因为如此，海洋产业集群式创新发展也从外部获得了动力源泉，主要体现如下几个方面：

（1）资源约束

海洋产业集群大多是资源依赖型产业集群，其创新发展势必会受到资源的制约。有时候，资源采购成本或开采利用成本的上升，大大增加了产业集群的发展费用，为了降低资源供给以及资源价格带来的影响，海洋产业集群中的企业主体会谋求创新，通过技术创新的手段来提升资源的利用效率，提高投入与产出比，使资源对于产业集群发展的负面影响降至最低程度，形成一种循环经济产业形态，增强集群自身的可持续发展能力。

（2）市场需求

海洋产业集群不是自给自足的小农经济形态，而是需要嵌入到区域市场，国家市场甚至是国际市场当中，是以市场为导向的一种产业发展形态，其最终的成品需进入到市场，接受消费者的检验。随着社会经济发展水平的提高，消费者对于产品的要求已越来越趋向于高精尖化，对于产品的质量与生态价值越来越重视，以粗放型产品生产为主的海洋产业集群如果不能实现产业结构的创新转型，势必会被市场淘汰。所以集群内的企业主体需紧密跟踪市场的动态，进行好产品的功能定位与市场定位，以市场需求为基准，进行产品的研发与创新，增强产品品牌建设。

（3）外部竞争与合作

对于我国来讲，将近有十几个省份濒临海洋，尤其是随着国家海洋经济综合试验区在几个省份的批复，海洋经济发展成为重头戏，但濒海省份海洋经济发展竞争也更加激烈。不同濒海区域间的海洋产业结构并没有太大差别，所以各区域相类似的海洋产业集群将会面临同质化竞争，显然，谁能在最后突破重围，获得竞争优势，占据龙头地位，关键还得要靠创新驱动。通过产业集群的创新发展实现产业集群的升级，从而将同质化竞争引入到差异化竞争，突出自身的竞争优势。基于理性的角度考虑，为了避免零和竞争带来的利益互相损害，跨区域的产业集群会选择进行合作创新，共同出资，共建创新合作平台或研发。

（4）政策支持

政府部门对于海洋产业集群创新发展的政策支持无疑是一个较关键的动力源，甚至决定着海洋产业集群的创新发展命运。政府部门对于海洋产业集群式创新发展的政策供给体现在几个方面：①基础设施的建设与维护。海洋产业集群是实体产业形态，需要土地、水电、厂房、道路等硬件设施的支持，显然政府有义务为其提供公共产品与公共服务，为海洋产业集群的创新发展提供良好硬件环境。②财政与税收支持。海洋产业集群式创新发展的前提之一是要有较雄厚的资金流，能够用于高科技的研发投入，政府可通过成立创新基金的形式，帮助培育海洋产业集群创新发展的能力，同时给予恰当的税收减免，鼓励创新发展。③良好市场环境的维护与监管。主要体现在政府应维护好市场公平竞争、平等竞争的秩序，打击恶意垄断、恶意扭曲价格等扰乱市场秩序的不正当竞争行为，确保市场竞争主体的权益不会受到侵害，同时政府应避免产生过度干预市场的行为，应与市场保持合理边界。④知识产权的有效保护。创新本身就是一种稀缺资源，尤其是高科技创新成果的产生需要耗费大量的人力、物力、财力，所以创新成果应具有鲜明的排他性特征，并能确保不会被剽窃，复制，能够得到有效保护，否则，创新的积极性将会大大消退，严重阻碍社会经济的发展进步。政府部门显然应制定最为严厉的法律法规，对侵权者予以应有的惩罚，应当确保"良币"得到发展，而"劣币"得到驱逐。

第 5 章　广东海洋产业集群式
创新发展的实证研究

5.1　广东海洋产业集聚水平的测度及分析

5.1.1　测度方法介绍——区位熵数法的引入

从以往的关于产业集聚的测度所用到的方法来看，主要分为两大类：一类是偏定性的测度方法，如波特的钻石模型评估方法；另一类是偏定量的测度方法，如区位熵数法、投入产出法、空间基尼系数、主成分分析等。由于其资料的易获取性，计算与操作的简便性，以及测度结果的可靠性和直观性等特点，区位熵数法（Location Quotient，LQ）一般在测度产业集聚状况时用得较为普遍。哈盖特较早提出了熵的概念，实际上就是比率比，一般反映某一产业部门的专业化程度。区位熵数的经济学含义一般指某个区域的特定产业的指标值（如产值、从业人口等）所占的区域比重与在各大经济范围内该产业指标值所占比重的比值。其计算公式可以表达为：

$$LQ_{ij} = (Q_{ij}/Q_i) / (Q_j/Q)$$

式中，LQ_{ij} 表示区位熵数值；Q_{ij} 表示 i 地区产业 j 的产业值；Q_i 表示 i 地区的产业总值；Q_j 表示全国产业 j 的总产值；Q 表示全国产业总值。如果区位熵数值大于1，则说明该地区该产业的集聚现象明显，即已经形成产业集群或者这在逐步形成；反之，越接近于零，则说明该区域该产业分布较散，没有产业集聚的迹象，或者说迹象不明显。

5.1.2　广东海洋产业整体集聚水平测度及分析

对于广东海洋产业整体集聚水平的测度，实际上是对广东海洋第一产业、第二产业、第三产业的集聚水平的综合测度，基于区位熵数的算法，将取如下计算指标：广东海洋总产值、广东生产总值、全国海洋总产值以及全国生产总值。具体算法：

广东海洋产业整体集聚水平＝（广东海洋总产值/广东生产总值）/（全国海洋总产值/全国生产总值）

现将相关计算指标的数据整理如表 5-1 所示。

表 5-1　广东及全国海洋总产值（2008—2012 年）

单位：亿元

年份	2008	2009	2010	2011	2012
广东海洋总产值	5 826	6 661	8 254	9 191	10 507
全国海洋总产值	29 662	31 964	38 439	45 570	50 087

数据来源：《海洋统计年鉴》（2009—2013）和国家统计局。

表 5-2　广东及全国生产总值（2008—2012 年）

单位：亿元

年份	2008	2009	2010	2011	2012
广东生产总值	36 797	39 483	46 013	53 210	59 068
全国生产总值	314 045	340 903	401 513	473 104	534 123

资料来源：国家统计局。

将数据代入到公式中，结果如 5-3 所示。

表 5-3　广东海洋产业整体集聚水平（2008—2012 年）

年份	2008	2009	2010	2011	2012
广东	1.67	1.79	1.87	1.79	1.89

从计算结果可以得知，2008—2012 年，广东海洋产业整体集聚水平都大于 1，说明海洋产业整体集聚状况较为理想，海洋产业集群化程度在加深。从结果中可以看出，总的来看，广东海洋产业整体集聚水平在逐年提升，而不是下降，这说明广东海洋产业正在取得良好的发展势头，在向高水平的集群化发展方面还有很大的提升空间及潜力。虽然 2011 年广东整体产业集群水平相对于 2010 年下降了 0.08 个点，但这种下降的幅度并不明显，并不影响海洋产业集群发展的趋势。随着 2011 年广东海洋综合试验区提升为国家战略，广东海洋经济发展正面临大好政策环境，2012 年便取得良好成效，体现为其整体集聚水平相较于 2011 年上升了 0.1 个点，而且是五年以来的最高值，海洋产业集群化趋势进一步凸显和加强。

5.1.3 广东海洋分次产业集聚水平测度及分析

所谓海洋分次产业实际上指的是海洋三次产业，即海洋第一产业、海洋第二产业及海洋第三产业。根据我国标准《国民经济行业分类》（GB/T 4754—2002）和海洋行业标准《海洋经济统计分类与代码》（HY/T 052—1999）的规定：海洋第一产业主要体现为海洋资源的利用，包括海洋渔业；海洋第二产业体现为海洋资源的加工与再加工，包括海洋油气业、海洋化工业、海洋生物医药业、海洋电力和海水利用业、海洋船舶工业等；海洋第三产业体现为服务性产业，包括海洋交通运输业、滨海旅游业、海洋科学研究、社会服务业等。所以广东海洋分次产业集聚水平的测度实际上是这三类产业的测度，基于区位熵数的一般算法，其公式可以写为：

广东海洋分次产业集聚水平＝（广东海洋第 i 产业产值/广东第 i 产业产值）/（全国海洋第 i 产业产值/全国第 i 产业产值）（$i＝1, 2, 3$）

现将相关计算指标的数据整理如下：

表 5-4　广东及全国海洋分次产业产值（2008—2012 年）

单位：亿元

	年份	2008	2009	2010	2011	2012
广东海洋分次产业	第一产业	220	184	194	226	180
	第二产业	2 719	2 971	3 920	4 311	5 135
	第三产业	2 886	3 505	4 139	4 654	5 192
全国海洋分次产业	第一产业	1 608	1 879	2 067	2 327	2 683
	第二产业	14 026	15 062	18 114	21 835	22 982
	第三产业	14 028	15 023	18 258	21 408	24 422

资料来源：《海洋统计年鉴》（2009—2013）。

表 5-5　广东及全国分次产业产值（2008—2012 年）

单位：亿元

	年份	2008	2009	2010	2011	2012
广东分次产业产值	第一产业	1 973	2 010	2 287	2 665	2 847
	第二产业	18 502	19 419	23 014	26 447	27 701
	第三产业	16 321	18 052	20 711	24 098	26 520

（续）

年份		2008	2009	2010	2011	2012
全国分次产业产值	第一产业	33 702	35 226	40 534	47 486	50 593
	第二产业	149 003	157 649	187 383	220 413	240 200
	第三产业	131 340	147 642	173 597	205 205	243 030

资料来源：广东统计信息网与国家统计信息网。

代入公式计算，得到结果如表 5-6 所示。

表 5-6　广东海洋分次产业集聚水平（2008—2012 年）

年份		2008	2009	2010	2011	2012
广东海洋分次产业集聚水平	第一产业	2.33	1.71	1.66	1.73	1.19
	第二产业	1.56	1.60	1.76	1.64	1.93
	第三产业	1.65	1.90	1.90	1.85	1.94

从计算结果中可以看到，广东海洋分次产业集聚水平都在 1 以上，说明总体上，各产业的集聚效应明显，空间布局上较为集中，产业集群发展已成规模。从具体产业来看，广东海洋第一产业的集聚水平总的来说呈逐年下降趋势，而且幅度较大，从 2008 年的 2.33 下降到 2012 年的 1.19，下降了 1.14 各个点，这可能跟第一产业的产值及产值构成下降有关，主要受海洋产业结构的优化升级影响，海洋经济发展的重点放在了第二、三产业，第一产业的发展规模正逐步萎缩，产业集群优势正在丧失；广东海洋第二产业的集聚水平具有较大的波动性，如 2010—2011 年下降了 0.12 个点，但 2011—2012 年又上升了 0.29 个点，但总体来讲，呈逐年上升趋势，而且自从 2011 年广东海洋综合实验区被国家批复以后，这种趋势更为显著，产业集群发展将成为常态；广东海洋第三产业的集聚水平在三次产业中最高，说明产业集群优势最为明显，而且呈逐年上升的态势，但上升的幅度比较平缓，2010—2011 年还略有下降，但 2011 年广东打造海洋经济综合试验区，海洋经济发展迎来机遇期，所以 2011—2012 上升了 0.09 个点，随着政策效应的进一步显现，产业集群发展的态势将更加可预期，发展规模与质量也将得到进一步提升。

5.2 基于钻石模型的广东海洋产业集群式创新发展的影响指标体系构建

5.2.1 钻石模型的一般理论框架

迈克尔·波特在1990年出版的《国家竞争优势》这本书中，提出了一种新的竞争范式——"钻石模型"，该模型已被世界很多国家采用，尤其在学术界，很多研究人员将其运用到产业竞争力研究当中，并取得重要发现。所谓钻石模型，实际上归纳起来，就是影响竞争力的六大因素，即四个关键因素，两个辅助因素。四个关键因素指的是生产要素、需求条件、企业战略/结构与竞争、相关与支持性产业；两个辅助因素指的是机会与政府。生产要素一般是指在产业发展之中所投入的资源，例如自然生产资料、人力资源、信息、资本等；需求条件主要是说市场需求，包括国际和国内市场需求，但更强调国内市场的开拓；企业战略/结构与竞争指的是企业制定的目标，企业组织结构形态，以及所面对的竞争对手；相关与支持性产业主要指同处于产业链上的上下游产业及互补性产业；机会是指一系列突发事件对企业经营所带来的影响，一般为有利影响，如技术上的重大创新；政府主要是通过制定一系列的宏观经济政策或产业政策来影响产业发展。这六大因素具有内在的联系，构成了钻石模型的一般理论框架（图5-1）。

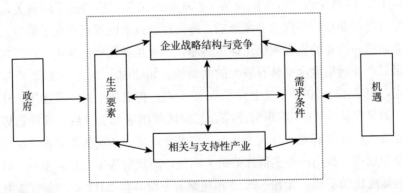

图 5-1　钻石模型的一般理论框架

但随着社会经济的发展，波特的传统钻石模型理论受到某些挑战，表现在已不能全面把握产业的竞争状况，主要由于影响产业竞争的新因素在不断出现。一些学者基于波特钻石模型加入了新的影响因素，进一步完善钻石模型，以便更好适应社会经济发展。如我国学者芮明杰（2006）认为新形势下，产业竞争力的核心是知识吸收与创新能力，并将其融入到波特钻石模型当中，作为钻石模型的最重要的部分，从而形成"新钻石模型"。

5.2.2　基于钻石模型的海洋产业集群式创新发展的影响指标选取

就广东而言，作为海洋经济大省，海洋经济产值常年居全国第一，但是并没有迈入到海洋经济强省行列中；从海洋产业集群发展程度这一视角来说，第二、第三产业集群的发展态势良好，但总体来看，还没有达到高水平阶段，海洋产业结构面临转型，产业集群向中高端迈进的步伐需要质加速。显然，弄清楚是什么因素影响着海洋产业集群式创新发展是极为必要的，而且应构建一套切合实际的影响指标体系，以更加科学具体的将影响因素呈现，这就有助于推进下一步研究开展。海洋产业集群式创新发展过程实际包含着产业集群竞争力不断提升的过程，其本质就是向产业价值链条的中高端迈进，所以，引入波特钻石模型理论，并结合海洋产业集群式创新发展的特性，来探讨其影响因素，未尝不是一种有益尝试。本书将从以下5个方面对其进行探讨：

（1）生产要素层面

海洋产业集群本身依托海洋，受益于海洋，可见，从海洋中可利用的自然资源是最基本的生产要素，尤其是海洋分次产业中的第一第二产业更是如此。海洋产业集群式创新发展离不开海洋的同时，也正是由于其创新发展的特征，所以在高级生产要素方面有着迫切的需求，如资本的投入，高质量的人才。

（2）从需求条件层面

海洋产业集群式创新发展受国内国外，尤其是国内市场需求的制约。其产品最终要面向市场，或者说海洋产业集群式创新发展的目的之一是更好地满足市场需求，甚至创造市场需求。市场需求规模扩大无疑会推动海洋产业集群式创新发展，如滨海旅游业，随着滨海旅游市场扩大、游客数量俱增，那么滨海旅游产业也会做出调整，一般会整合旅游资源，创新运营模式，丰富旅游产品形式，提升服务效率与质量等。

（3）从相关与支持性产业层面

海洋产业集群并不是一个孤立的产业运营系统，而是开放的，并嵌入到区域乃至全球的产业价值链条中，可见海洋产业集群需要与其他利益相关产业进行协作，以便更好实现集群式创新发展，如海洋产业集群内所生产的产品会销往全国各地，也会出口到国外，显然这需要下游分销商的紧密合作，也需要运输物流企业的积极参与，只有这样，才能使得产品得以在市场流通。

（4）从学习与创新能力层面

海洋产业集群内的学习技能与创新技能是其实现集群式创新发展的重要影响因素，学习技能体现在知识的接纳、吸收及运用能力上，尤其在对待新知识、新方法、新技术的态度上，"干中学"一般在产业集群的内部学习当中是比较盛行的方式。创新能力体现在两个方面：一个是知识的创新，走在理论创新的前沿；另一个是技术创新的能力，包括传统技术改造升级，自主技术的研发，以及新技术的开拓等。

（5）从政府层面

政府在海洋产业集群式创新发展方面扮演重要角色，政府在其中的定位选择意味着政府是起阻碍作用还是促进作用。显然，在全国实施"创新驱动"和"大众创新，万众创业"的双重战略下，创新型产业受国家支持的重点。毫无疑问，海洋产业集群式创新发展会受到政府的大力支持，并在政策实施方面给予诸多益处，如金融支持、税收支持。

5.2.3 海洋产业集群式创新发展的影响指标体系构建

从指标体系构建框架中可以看出，整体形成了三级指标，一级指标为海洋产业集群式创新发展影响因素；二级指标分别从生产要素、市场需求、相关与支持性产业、学习与创新能力以及政府五个方面进行构建；三级指标则在二级指标的基础上进行进一步对应深化，从定性和定量两个层面来进行构建，主要以定量构建为主，即可以用数据进行说明。总体来讲，该指标体系的构建也遵循了一定的原则，如科学性原则，依据原有的理论基础并结合海洋产业集群式创新发展的实际，较全面准确的构建其影响指标体系，同时也体现了客观性、实用性原则，各指标都是客观存在的，而不是主管捏造的，每一级指标间层层紧扣，体现了应有的意义，指标构建也比较简单明了清晰，易理解，尤其对于三级指标，无论是定性描述还是在数据定量描述方面都比较容易处理。

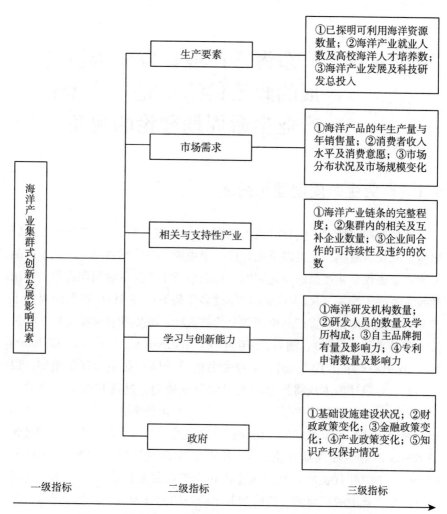

图 5-2　海洋产业集群式创新发展影响指标体系构建框架

第6章　广东海洋产业集群式创新发展的政策供给研究——基于产业生命周期理论的视角

6.1　产业生命周期理论简述

生命周期实际上是生物学科中的概念，体现的是某个生命物体要经历出生、成长、成熟、衰老以及死亡这一个周期。一些学者把它应用于产品方面，来表现企业产品的演化周期，从而形成了产品生命周期理论。美国教授雷蒙德·维农（R. Vernon）经过多年研究，在 1966 年率先提出了产品生命周期理论，将产品生产划分为导入期、成熟期和标准化期三个阶段（李靖华等，2001），随后在 70 年代，William J. Abernathy 和 James M. Utterback 建立了以其名字字母命名的 A－U 产品生命周期模型，以产品的主导设计为主线将产品的发展划分成流动、过度和确定 3 个阶段（刘婷等，2009）。在这些研究的基础上，一些国外学者开始关注产业生命周期理论，并取得丰硕成果，比较有代表性的是 G－K 产业生命周期理论与 K－G 产业生命周期理论。G－K 产业生命周期理论主要由 Gort 和 Klepper 在 80 年代提出，他们通过对 46 个产品最多长达 73 年的数据进行分析，按产业中的厂商的个数将产业生命周期划分为引入、大量进入、稳定、大量退出（淘汰）和成熟等五个阶段；K－G 模型实际上是对 G－K 模型更深层次的研究，由 Klepper 和 Graddy 在 90 年代提出，其主要通过实证研究，引入技术因素，将产业生命周期划分为成长、淘汰和稳定三个阶段。该模型更注重过程创新所带来的成本竞争效应，是一个自由竞争随机过程模型（李靖华等，2001）。国内研究产业生命周期大多基于两个视角，一个是传统视角，另一个是现代视角。从传统视角来看，根据产业地位及其增长速度、规模，产业生命周期一般被划分为形成期、成长期、成熟期和衰退期四大阶段；从现代视角来看，产业生命周期被分为自然垄断阶段、全面竞争阶段、产业重组阶段、蜕变创新阶段。

有些研究者选择基于产业细分这一视角来拓展深化产业生命周期理论。近几年来，对新兴产业生命周期的研究颇受关注，新兴产业是相对于传统产业而言的，其发展具有不确定性、正外部性、复杂性和创新性的特点，虽然其生命周期有导入期、成长期、成熟期和衰退或蜕变期 4 个阶段，但与传统产业相比，有其特殊性，体现在：企业整合与淘汰一般发生在新兴产业的成熟期，主要源自于新兴产业对于技术与创新的要求较高；新兴产业并不一定存在先进入者优势，主要源自于技术的更新速度更快；衡量新兴产业创新能力的标准非唯一化，不能仅靠专利申请量来权衡，需要综合考虑其他因素进行评价（李超等，2015）。王少永等（2014）对战略性新兴产业生命周期进行了研究，主要通过对英国的汽车产业以及美国的信息产业等主导产业进行回溯研究，发现战略性新兴产业生命周期表现出"增长—放缓—增长""增长—停滞—增长"或"增长—下滑—增长"的震荡期特点，其主要受到产业外部环境、政府扶持、产业创新、产业平台、风险控制以及产业集群培育等关键要素的影响，这些要素配置体现出的差异，会影响战略性新兴产业生命周期的形成。

总而言之，产业生命周期是指产业经过的从成长到衰退的演变过程，也指产业出现到完全退出社会经济活动所经历的时间，每一阶段各有不同，每一阶段产业中的微观主体为了适应某一阶段，会表现出不同的经济行为。近几年对产业生命周期理论在现实问题研究当中运用比较多的是其四阶段理论，即初创期（幼稚期）、成长期、成熟期以及衰退期，并根据市场增长率、需求增长潜力、品牌个数、竞争者数量、市场占有率情况、进入壁垒、创新能力以及消费者购买行为等指标对产业发展阶段进行判断与评估。

6.2 基于产业生命周期理论的海洋产业集群式创新发展的生命周期框架

6.2.1 海洋产业集群生命周期框架

事实上，已经有学者基于产业生命周期理论的视角对产业集群的生命周期做过研究，参考了产业生命周期理论的四阶段模型。付涛等（2010）将产业集群生命周期划分为产生阶段、增长阶段、成熟阶段及衰退阶段，并介绍了各阶段的特征及成因。基于此，业将海洋产业集群的生命周期分为四个阶段：初创阶段、成长阶段、成熟阶段及衰退阶段。现结合海洋产业集群的特性，简要概述每一阶段的运行特征。

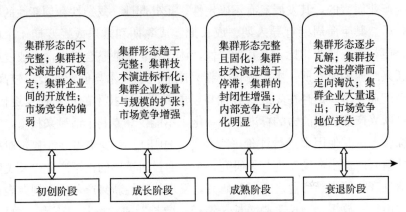

图 6-1　海洋产业集群生命周期框架

（1）海洋产业集群初创阶段

实际上，在初创阶段，海洋产业更多地表现为一种空间集聚，但这种集聚已趋向于成熟，已具备发展为集群的基本条件。以涉海企业为主体的核心网络正在形成，但辅助网络和外围网络的形成并不显著；各涉海企业间的差异较大，技术演进的目标并不确定，但这也使得企业更加开放，能够分享技术知识与信息，正的外部性明显；企业间处于磨合期，还没有出现龙头企业，产品的差异较大，市场不够集中，整体市场竞争能力不强。

（2）海洋产业集群成长阶段

在成长阶段，海洋产业集群的形态逐渐完整，表现为网络结构形态，以涉海企业为主体的核心网络不断壮大，急需资金、技术以及其他服务，从而以第三方机构为主体的辅助网络及提供外部环境的外围网络逐步形成；集群内部的知识分享与相互促进，使得技术演进速度提升，并出现了技术标杆型企业，即其余企业以此为标杆进行技术的学习效仿，技术标杆型企业确定了技术演进方向，并逐渐成长为龙头企业，同时许多相关企业或互补企业被吸引进来，或直接在集群内成立，壮大了集群内企业的数目及集群规模；产品异质化减弱，趋同化加大，呈现出品牌效应，市场集中度提升，整体市场竞争能力增强。

（3）海洋产业集群成熟阶段

在成熟阶段，海洋产业形态已形成完整的网络结构形态，个层级网络间形成了稳定的合作关系，而且这种结构形态趋于固化，已没有进行进一步改变的意愿；集群技术演进速度减慢甚至趋于停滞，体现在原有技术上的小改动，已没有进行大型技术创新与改造的动力；整个产业集群趋于封闭，对于外部环境变化的反应能力变得迟钝或漠不关心，企业间的知识扩散与共享似乎不在重要，企业间进入沉寂期；产品同质化极为明显，加剧了内部竞争，并在此基础上，实力弱小企业被淘汰出局，个别企业居于垄断地位。

（4）海洋产业集群衰退阶段

在衰退阶段，海洋产业集群的完整结构形态逐步瓦解，体现为合作的不再持续，第三方机构将寻求其他合作伙伴，外部环境出现剧烈变化，以涉海企业为主体的核心网络也遭到破坏，处于重要节点的企业脱离集群，成为寡头型企业。集群技术演进已经停滞，由于跟不上时代的变化，而处于落后淘汰地位；部分中小型企业通过破产或转行的形式退出产业集群，部分大中型企业面临重组或被兼并的局面，市场竞争地位逐渐丧失，产业集群逐步沦为小型工业区或少数几家企业依旧维持经营的小型集聚区。

6.2.2 海洋产业集群式创新发展的生命周期框架

海洋产业集群式创新发展的生命周期框架构建应建立在海洋产业集群生命周期的基础上，海洋产业集群式创新发展并不是囊括海洋产业集群发展的四个阶段，而是有自己的目标，这种目标体现在阻止海洋产业集群发展由成熟阶段进入到衰退阶段的陷阱当中，实现海洋产业集群升级，使海洋产业集群跨过衰退期，进入另一个全新的生命周期。所以海洋产业集群式创新发展在海洋产业集群成熟阶段发挥重要作用，或者可以说，海洋产业集群式创新发展是海洋产业集群为跨越衰退期而进行的一场自我革新，一种高级演变形式，而创新在其中扮演关键角色。显然海洋产业集群式创新发展不是一个直线上升的过程，而是一种螺旋式上升过程，甚至会有在半路失败的可能性。相比产业生命周期来说，海洋产业集群式创新发展同样有自己的生命周期，可以分为五大阶段：启动期、沉淀期、爆发期、成熟期以及瓶颈期。海洋产业集群式创新发展也许是一个没有终点的过程，意味着尽管它深处瓶颈期，也不会轻易走向衰退，由于创新发展是其本质特征，所以它会在瓶颈期谋求新的创新发展，从而突破创新困难的阶段，进入另一个新的阶段，循环往复，不断上升到更高级形式，这是海洋产业集群式创新发展过程区别于一般海洋产业集群发展过程的最大体现。

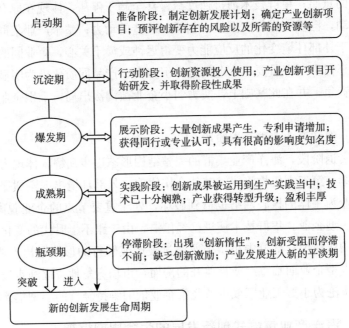

图6-2 海洋产业集群式创新发展生命周期框架

(1) 启动期

相当于海洋产业集群式创新发展的准备时期。海洋产业集群式创新发展实际上是一个系统工程，必须考虑权衡多种因素，做好其前期准备。根据海洋产业目前的状况，寻求创新发展的突破口，并制定好创新发展规划，确定创新发展研究对象，明晰创新发展预期，以及可能带来的影响，同时还要对创新发展项目风险进行预评，所需的创新资源，包括资金投入、科研设备和场所、科研人员等，要实行详细的测算、安排。

(2) 沉淀期

相当于海洋产业集群式创新发展的行动阶段，即依据创新发展路线图，进行具体创造发展项目的研究操作，一些必备的资源已投入使用。总体来讲，这个过程是比较沉默的过程，具有隐蔽性、持久性；其中会取得某些阶段性成就，但因为不是最后的结果，因而含有保密性；取得了阶段性成果，就使得最终成果的产生拥有了坚实基础。

(3) 爆发期

相当于海洋产业集群式创新发展的成果展示时期。这一阶段，大量创新成果公开，包括理论创新成果与技术创新成果，专利申请量大幅增加，其创新成果具有极高的应用价值，为产业转型升级提供强大动力，获得专业上的和同行的认可，具有极大的影响度与知名度。

（4）成熟期

相当于海洋产业集群式创新发展的成果实践阶段。创新成果被运用到企业实践和生产实践当中，包括企业变革、组织再造、产业价值链重构等，技术创新成果已与生产实践进行很好的协调，并出现了新的产品形态，产业得以转型升级，企业盈利能力不断提高，集群生态获得重构，海洋产业集群式创新发展越来越趋于成熟。

（5）瓶颈期

相当于海洋产业集群式创新发展的停滞阶段。这主要体现在创新出现了停滞，新的创新发展成果缺乏，"创新惰性"出现，体现在企业依赖于原有的创新实践成果，习惯于享有原有成果带来的大量收益，创新动力不够，缺乏新一轮的创新激励，随着原有创新成果红利的消失，那么整个海洋产业集群创新发展必将进入新的平淡期，所以新一轮的创新投入迫在眉睫。

6.3　海洋产业集群式创新发展的政策供给建议

海洋产业集群式创新发展显然会受到政策因素的影响，而且不同的政策对其创新发展的影响是不同的，要么起阻碍作用，要么起促进作用。政府作为海洋产业集群式创新发展的政策供给主体，是需要考虑制定什么样的政策才会对其起促进作用而不是负面作用，也就是所谓的精准发力、精准施策。事实上，政府可考虑根据海洋产业集群式创新发展的生命周期来进行对症施策，对于其不同发展阶段，给予相应的政策支持，尤其是在海洋产业集群式创新发展的启动期、沉淀期以及瓶颈期给予特别关注，这三个阶段对于创新发展来说是比较关键的三阶段，启动期和沉淀期意味着是否能够产生创新发展成果，而瓶颈期则蕴含着创新发展能否持续。政府对于市场竞争环境的监管以及对于知识产权的保护应贯穿于海洋产业集群式创新发展的全生命周期，这两者对于创新发展的成功至关重要。当然政府应明确自己的边界，不要越俎代庖，也不要干涉海洋产业集群式创新发展的自主运营，重在起到辅助作用，起雪中送炭的效用，将创新发展的主体交给海洋产业集群主体。

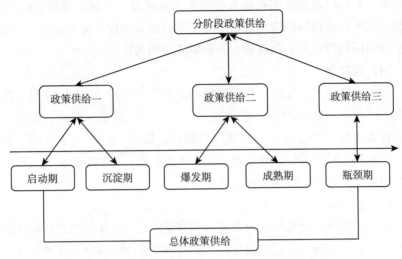

图 6-3 海洋产业集群式创新发展政策供给框架

6.3.1 海洋产业集群式创新发展的总体政策供给

所谓总体政策供给，实际上是对海洋产业集群式创新发展全生命周期都能起到作用的政策支撑，体现在两个方面：一个是市场竞争环境的监管；另一个是知识产权的保护。这两个方面会持续性的影响其创新发展的成本，进而影响到创新发展的积极性。

(1) 加强对市场竞争环境的监管

公平有序竞争是市场竞争的主要特点，如果市场竞争是一种恶性竞争、歧视竞争，显然市场生态会遭受严重破坏。即使走创新发展之路，也需要在一个公平竞争的环境里面才能得以实行，因为这会大大减少市场间的交易费用，每个市场主体的行为是符合市场预期的，而不是充满不确定性。政府作为第三方监管主体，应加强对市场竞争环境的正常监管，尤其注重事中事后监管。政府可考虑制定更为严格的市场行为准则，对于破坏市场正常竞争的行为，应给予相对应的惩戒；严密监控市场垄断行为，以及其所带来的不良影响，并及时予以相应的制裁，从而打破垄断，为市场带来创新的活力；政府应避免借监管之口，而伸干涉之手，政府的监管应不会扰乱市场的正常竞争行为，应进行精准监管。

(2) 重视对知识产权的保护

知识产权是创新发展成果的最终体现，凝聚着广大科研人员的劳动和智慧。知识产权如果得不到有效保护，意味着侵权可以肆无忌惮，专利即使已申请，也无法阻止被盗用，显然大大增加了创新成本的费用，企业和个人的创新效益无法得到体现，那么最终的结果便是科研的效用递减，创新积极性严重受损，创新发展很难前进。而且市场主体以营利为目的，这表示靠市场进行知识产权的自我保护，显然是失灵的。所以毫无疑问，政府需要挺身而出，作为第三方监管主体，需加强对知识产权的保护，尊重知识产权，便是尊重科学，尊重知识，尊重劳动。首先，应从法律层面明确对知识产权的保护，根据新情况，及时修改完善相关法律法规，加强对知识产权法院的建设，提升相关政策法规的执行力；其次，严厉打击盗版侵权/假冒伪劣产品，加大惩戒力度，提升不法分子的违规成本，从根源上铲除利益链条；再次，监管人员需加强自律，谨防内外串通，进行权力寻租，而成为破坏知识产权等违法行为的保护伞，监管部门需对监管人员进行思想教育方面的监督，同时加大奖惩力度，抓典型、树榜样。

6.3.2　海洋产业集群式创新发展分阶段政策供给建议

所谓分阶段政策供给实际上是针对海洋产业集群式创新发展的不同阶段所给予的政策支撑，即对症施药。本书将海洋产业集群式创新发展的五阶段分为三部分，每部分对应不同的政策：启动期与沉淀期为一部分，对应政策供给一；爆发期与成熟期为第二部分，对应政策供给二；瓶颈期为第三部分，对应政策供给三。每一部分所体现的政策各有侧重，与海洋产业集群式创新发展每一部分的具体情境相符合。

（1）政策供给一

之所以将启动期和沉淀期放为一部分，是因为这两个阶段总体来讲处于准备阶段，具有极为紧密的联系。作为海洋产业集群式创新发展的准备阶段，迫切需要创新资源，所以政府在政策供给方面应考虑两个方面：一个是给予海洋产业集群创新发展所需的要素不足的补给；另一个是为海洋产业集群式创新发展提供一个很好的软硬件环境。首先，政府与当地海洋产业集群应保持好联系，集群主体应主动说明创新发展的意愿，并为此制定的发展蓝图，以及存在的现实困境，减少双方信息不对称的问题，这有利于政府精准施策，海洋产业集群在创新发展初期，基本都存在创新资金不够，创新信息不完全，以及创新人才不够等问题，集群主体在寻求创新合作，引进创新资源的同时，政府显然要给予适当的支持，包括通过财政转移支付以及鼓励企业发放企业债券的形式，给予当地海洋产业集群适当创新补贴与融资支持，进一步完善官产学研的机制，构筑较为完整的创新价值链，并将海洋产业集群纳入到当地的创新价值链条中，从而促进上下联动合作，打造区域创新网络，并鼓励区域内创新网络与区域外创新网络的创新协作，从而促进创新信息、创新人才等创新要素的共享与流通；其次，在创新发展硬件支持方面，政府应不断完善相关的基础设施，可注重对海洋科技创新孵化基地、海洋科技创新中心、海洋创新示范区等一批项目的关注，完善集群内的创新硬件支撑；最后，在创新发展软件支持方面，政府应加快转变政府职能，进一步简政放权，简化审批手续，为企业创新松绑，减少集群主体与政府的磨合而带来的不必要的创新成本，同时积极宣扬创新文化，鼓励大众创新、万众创业，以创新驱动来提振区域经济，促进传统海洋产业集群转型升级。

（2）政策供给二

海洋产业集群式创新发展的爆发期与成熟期两个阶段实际上可看成是创新发展成果的诞生与实践阶段，这两个阶段较为紧密地联系在一起，如果创新发展成果不能有效地转化为生产力或者转化为现实财富，那么这样的创新是毫无价值的，需要耗费巨大的沉默成本，所以由爆发期顺利地迈入成熟期，是海洋产业集群式创新发展取得成就的关键一步。创新发展成果形式之一是拥有自主知识产权的新型产品或新技术，从另一个方面来讲，正是由于其新，所以客户虽有好奇心理，但却并不了解熟悉，在信息不对称的情况下，会使其感觉存在应用失败的可能，从而降低他的购买意愿。显然，新产品的出现虽然有着较高科技的含量，但进入市场后，并不一定能被消费者采纳；新技术的诞生，运用到生产改造实践当中，未必马上就能得到很好的磨合效果，有时候需要一段适应期，可能会出现排斥的现象。所以这些应用方面的问题，往往给新产品或新技术的产生蒙上一层阴影。政府或许在这两个阶段能够给予某些支持，这种支持的效用体现在两个方面：一是扩大创新发展成果的影响力；二是增强市场预期，提升其应用前景。首先，政府可通过财政采购的形式，对海洋产业集群式创新发展的新成果给予认可，政府作为首位大客户，既可以让科研成果的价值得到体现，科研成本得到一定程度上的弥补，又可以为新成果打开市场，政府因势利导，无疑会起到市场推广的作用；其次，政府可对接官产学研合作平台，并起到纽带作用，为平台注入强劲动力，鼓励产学研对接，鼓励集群内涉海企业与海洋类科研院所合作；最后，政府应积极搭台，为创新发展成果提供可以展示的舞台，最为典型的便是可举办海洋科技博览会与海洋经济博览会，通过这样一个平台，客户可以很直观的了解最新的海洋创新成果，产业合作的意愿将大大增强。

（3）政策供给三

海洋产业集群式创新发展的瓶颈期，是其极易会经历的阶段，因为创新本身就是有周期的，它具有波动性，而且创新越到后面反而越难，为什么有些大型企业在最后都衰落了，主要原因是由于后期创新乏力，无法迎合消费者的超前或个性化要求，譬如手机生产商诺基亚，胶卷制造商柯达等。在瓶颈期，极易出现的创新病症之一，便是创新惰性，其典型特征是厌倦创新、抵制创新，往往在创新初期取得重大突破，取得丰厚收益的企业，在尝到创新的甜头后，便产生了路径依赖，不思进取，不想改变此种现状。之所以如此安逸，是因为前期创新成果的所带来的收益具有长期性，即使不需要任何的改变，也可以通过吃老本的形式让企业不会出现较大的业绩下滑，从而危机感意识被弱化。可见，海洋产业集群式创新发展会陷入瓶颈期的两大原因：一个是高起点高水平的创新越来越难，可能需要更高的创新发展成本以及需承担更大的风险；另一个是集群创新发展主体在思维方面的钝化，并由此带来的创新发展机制建设的日趋滞后，而桎梏了创新发展进一步迸发的活力。陷入瓶颈期，只有两种做法，要么实现更高程度的创新发展，突破瓶颈期，进入另一个新阶段，要么原地踏步，在此阶段走向平淡期，最终走向衰退。任何一种结果的出现，取决于海洋产业集群创新主体是否有更大作为，当然政府能够做一些事情来帮助其度过瓶颈期。首先，政府可在区域性海洋产业政策调整方面做出部署，鼓励海洋产业结构进一步转型升级，加大对战略性新兴海洋产业的支持，明确后期海洋产业发展的方向，此举可为在瓶颈中挣扎的集群创新主体带来外部压力，让其觉察到市场大方向，增强危机感；其次，政府应加大对创新创业基金的投入，鼓励民间风投资本的发展，以及民间金融机构的创建，为资本密集型海洋产业集群创新主体的再次创新创业提供资本源泉；最后，政府应在区域创新网络中发挥联动效用，区域创新能力强，区域创新活力迸发，在很大程度上可带动区域海洋产业集群的创新发展，政府可起到区域创新资源的培育与调节整合作用，尤其在创新资源配置方面可发挥独特作用，而且应尽可能地提升创新资源的配置效率，同时政府通过从外部引入科技创新人才以及科研院所的形式，增强区域创新资源的质量。

第二篇

广东打造国家级海洋经济综合试验区建设研究

进入 21 世纪，党中央、国务院提出建设海洋强国的宏伟目标，国务院分别将广东、山东、浙江、福建省列为全国海洋经济发展试点地区。这是我国以当今世界海洋经济发展新形势的战略高度为出发点，正面新的海洋竞争挑战，高瞻远瞩、深谋远虑作出的重大战略部署。那么，广东省应如何打造国家级海洋经济综合试验区？针对此问题，本部分从以下五个方面进行研究：①广东省打造国家级海洋经济综合试验区的理论支撑研究；②广东省打造国家级海洋经济综合试验区的目标体系研究；③广东省打造国家级海洋经济综合试验区的支撑平台研究；④广东省打造国家级海洋经济综合试验区的产业发展研究（包括了传统优势海洋产业转型升级、海洋战略性新兴产业培育发展）；⑤广东省打造国家级海洋经济综合试验区的政策建议研究。

研究意义：①为广东在新的起点上实现"蓝色崛起""蓝色粮仓"、争当全国"建设海洋强国"排头兵，提供坚实的理论依据和实践指导；②借鉴当前全国三大省份建设国家级海洋经济综合试验区的先进做法与经验模式，以及结合广东省海洋经济建设的方针政策，前沿动态，国内外最新相关领域的研究成果加以应用和吸收，为广东省打造成国家级海洋经济示范区提供最具前沿的观念引导、最具前沿的理论指导、最具先进的操作模式、最具实际应用价值的政策建议；③为广东海洋优势产业互补、产业转型升级、构建现代海洋产业体系提供依据。有助于进一步加快推进海洋经济综合试验区建设，有助于进一步把广东建成海洋经济强省，创新广东海洋经济发展新篇章。

第7章 广东打造国家级海洋经济综合试验区建设的理论支撑研究

7.1 发达国家发展海洋经济的经验借鉴

目前，我国海洋经济正处在蓬勃发展时期，沿海地区基于自身优势条件和国家政策支持，初步确立了以山东半岛蓝色经济区、浙江海洋经济发展示范区、广东海洋经济综合试验区为主体的"3＋N"发展格局，以及后期确立的福建海峡蓝色经济试验区。如何构建海洋经济综合实验先行区完善的理论框架，充分发挥理论指导实践的作用？如何站在全国乃至全球战略制高点，依据比较研究法，抓住重点，逐个击破？如何真正把握海陆经济的内在联系，打破海陆分割的二元结构，全面推进海陆经济一体化发展？这都是目前和今后一段时期我们必须面临和解决的难题。我国虽然高度重视海洋经济的发展，但与海洋发达国家相比，我国把区域海洋经济作为国家发展战略的时间较短，经验不足。因此，借鉴发达国家发展海洋经济的有效经验，可以为广东省打造国家级海洋经济示范区建设提供运作思路。

7.1.1 美国

美国是海洋大国，濒临大西洋、太平洋，拥有 22 680 公里的海岸线、1 400 万平方公里的海域面积和 340 万平方海里的专属经济区域，资源丰富，海洋产业十分发达，海洋经济实力雄厚，是世界上名副其实的海洋强国。其主要原因有以下几点：

第一，海洋发展战略和相关法规的制定由政府主导。1966 年，美国国会通过的《海洋资源与工程开发法》，要求成立海洋科学、能源和资源委员会，对美国的海洋问题进行全面审查讨论，并与 1969 年发布由总统签署的名为《我们的国家与海洋：国家行动计划》的报告。该报告强调海洋在国家安全中的作用、海洋资源对经济发展的贡献、保护海洋环境和资源的重要性等方面，并分别对其进行了深入的探析。《我们的国家与海洋：

国家行动计划》的发布，对于后期美国海洋政策的制定和实施起到非常重要的影响。1970年10月，成立了国家海洋大气局（NOAA），它是独立的政府机构，属于海洋职能管理部门，主要负责管理国家海洋及资源、保护海洋、制定国家海洋政策、参与国际海洋事务和合作。1999年，成立国家海洋经济计划国家咨询委员会，启动实施《国家海洋经济计划》（NOEP）。实施该计划的原因主要在于提供最新的海洋经济及海岸经济信息，同时，预测美国的海岸领域以及海岸线可能会出现的一些形势。

进入21世纪，美国对其海洋经济发展的各方博弈进行全面的分析，调整了20世纪90年代制定相关的海洋发展战略和政策，它的目的是确保其世界经济大国和军事强国在国际上位置，同时，也体现了美国海洋发展战略和法规的连续性与变革性。2000年，美国国会通过了《海洋法令》，是美国30多年来第二次全面系统地审议国家的海洋问题。该法令要求设立完全独立的海洋政策委员会，全面负责美国在新世纪的海洋政策的制定。2001年，美国总统布什派出16位分别来自不同学科背景的专家学者组建美国海洋政策委员会，专门为修订、完善美国海洋政策提供智力支持，并于2004年颁布《21世纪海洋蓝图》政策报告。随后，美国公布的《美国海洋行动计划》，针对《21世纪海洋蓝图》提出具体的实施办法。2009年，时任美国总统奥巴马宣布制定新的美国海洋政策，这是美国继2004年《21世纪海洋蓝图》之后再次发布新的国家海洋政策。2010年7月19日，奥巴马总统签署行政令，宣布美国海洋、海岸带和大湖区管理政策，这是美国第一个全面管理海洋、海岸与大湖区的国家政策，这为美国现阶段以及今后一段时期关于这些区域的海洋政策提供了必要的根据和保障。此外，美国海洋发展战略的变革性还体现在重视海洋安全上，如2005年美国发布了《国家海上安全战略》白皮书，这是美国在国家安全层面上提出的首个海上安全战略。

第二，加强海洋科技和海洋教育支持力度，海洋科技实力雄厚。美国政府向来十分看重海洋科技和海洋教育的支持力度，早在1966年，由美国国家海洋大气局与美国商务部联合发起了"国家海洋基金大学"项目（National Sea Grant College Program），提议建立"海洋基金大学"，吸引了一批在海洋研究和教育方面比较突出的大学，诸如华盛顿大学、南加州大学、俄勒冈州立大学等大学的纷纷加入。同时，美国政府重视并主导海洋技术的研发工作，在经费上通过联邦预算、海洋政策信托基金等机构给予大力支持。美国政府依据多种类型的海洋发展项目，对海洋科学研究机构的投资建设具有针对性和差异性，如在密西西比河和夏威夷投资建设的两个海洋科技园，就是依托不同区域的海洋资源而有针对性兴办的。

美国还有一批世界顶尖的海洋科学研究机构，像是位于马萨诸塞州的伍兹霍尔海洋研究所，位于加利福尼亚州的斯克里普斯海洋研究所、特拉蒙-多哈蒂地质研究所以及国家海洋大气局所属的水下研究中心等，海洋科技实力雄厚。除了对上述研究机构给予支持外，美国联邦政府还在政策上给予强有力的政策支持，如《全球海洋科学规划》《90 年代海洋学：确定科技界与联邦政府新型伙伴关系》《1995—2005 年海洋战略发展规划》《21 世纪海洋蓝图》等政策，颁布这些政策无疑为美国海洋事业的科学发展带来了政策保障。

第三，完善的海洋法律体系机制，加强政府在海洋管理方面的主导作用。美国是世界上最早对海洋综合进行立案的国家，1972 年美国就颁布了《海岸带管理法》，此后又相继出台《国家环境政策法》《海洋渔业保护和管理法》《国家海洋污染规划法》《海洋保护、研究和自然保护区法》《深水港发》等多项海洋法律法规，尤其是 2000 年颁布的《海洋法》，使美国在新世纪制定新的海洋政策拥有了坚实的法律基础。除了美国联邦立法外，美国沿海各州也纷纷加入了各自的海洋立法进程，如 2008 年，马萨诸塞州就通过了本地区的《海洋法》。

在海岸带管理方面，2006 年，美国政府修订了《海岸带管理法》，并于 2007 年撰写了《美国海岸带管理展望》的报告，将它作为拟订新的海岸带管理立法提案的依据。为了进一步加强国家对与直接或间接的天气和气候变化、自然气候变异、包括大湖区在内的海洋环境与大气环境间的相互作用等相关事件的测量、跟踪、解释和预报预测能力，2008 年，美国国会通过了《近海与海洋综合观测法》。2009 年，在美国第 111 届国会上美国众议院立法提案《21 世纪海洋保护、教育与国家战略法》，该法案强化了国家海洋大气局的职能和有效推动了国家与地区海洋管理架构的建设。完善的海洋法律法规体系机制，确保了美国发展海洋经济所需的制度环境，同时，也为美国制定海洋管理措施提供了法律依据，强化了政府在海洋管理方面的主导作用。

第四，积极发展滨海旅游业，推动海洋经济新发展。滨海旅游业如同其他海洋产业一样，是海洋经济中重要的一部分，亦是美国经济新的增长极。旅游业作为美国最大的就业部门，同时是 GDP 贡献的第二大产业，年均产值超过 7000 亿美元。而作为最重要的旅游目的地——滨海，沿海各州的旅游收入占全美旅游总收入的 85%。每年有接近 1.8 亿的美国人在沿海地区度假和娱乐。仅仅在七大河口区域，旅游和海滩休闲娱乐活动带来的经济上的收益就在 160 亿美元以上。滨海旅游业为美国带来了高额经济效益，也推动了整个海洋产业的进一步发展。

7.1.2　日本

日本是一个岛国，四面环海，岛内资源相对匮乏，对海洋的依赖程度较高，海洋经济在国民经济和社会发展中具有重要的地位。所以，日本政府高度重视海洋相关政策制定，对海洋资源的开发和利用遵循可持续发展原则，注重海洋科技的开发，加大海洋科研费用的投入力度，同时，还重视对国民在海洋意识和海洋强国方面的教育，从而为走向海洋强国道路奠定坚实的基础。近年来，日本在发展海洋经济主要有以下几点特征：

一是以海洋经济区域化推进海洋经济发展。早在 2002 年，日本经济产业省就颁布《产业集群计划》，积极倡导"知识集成创立事业"的发展理念，经过两年多的实施，19 个地区的产业集群已得到日本政府的认定，且已在 18 个地区正式实施知识产业集群。从现在的发展状况来看，日本已形成关东广域地区集群、近畿地区集群等 9 个地区集群。地区集群的形成，不仅将各地区集群的创新体制有机的联系起来，而且也形成了全方位、多维度的海洋经济区域发展模式。日本在发展海洋经济区域时，坚持以海洋科技为先导，集中地区优势，积极开展独具特色的海洋经济开发区建设。正是基于这点的认识，长崎县北部、佐贺县西北部地区，实施了"海洋开发区都市构想"，并在该地区构成了以海洋与旅游业为特色的佐世保开发区、以海洋与水产以及能源为特色的松浦开发区等七个各具特色的海洋开发区。如今，日本海洋经济区域发展有三大走势，即以大型港口为依托，以海洋技术进步、海洋高科技产业为先导，以拓宽经济腹地范围为基础。

二是健全的海洋经济发展政策体系。20 世纪 60 年代初，日本政府就提出"海洋立国"战略，将国家经济发展重心由重工业、化工业逐渐向海洋扩展，以海洋科技为先导，加大海洋产业开发力度。为此，日本作为海洋强国，为有效实施国家海洋战略，日本制定了海洋产业政策、海洋科技政策、海洋环境政策、海洋金融政策、海洋财政政策等相关辅助政策，为海洋经济的有序、健康发展提供了政策支持。2004 年，日本第一部海洋白皮书的发布，提到国家要对海洋实施全面的管理；2005 年，日本海洋政策智囊向政府提交了《海洋与日本：21 世界海洋政策建议》，为海洋战略实施提供了具体的理论依据；2007 年，《海洋基本法案》的颁布，该法案是日本综合性、全面性规范海洋相关问题的基本法律，确立了未来海洋开发所遵循的基本原则；2008 年 3 月，日本内阁会议通过了《海洋基本计划》，明确规定了未来 5 年日本在海洋开发领域重点开展的工作。

三是以科技引领海洋产业发展。日本在开发和利用海洋资源的同时，注重海洋科技的开发，以海洋科技引领海洋产业的发展，进而落实"海洋立国"战略目标。

目前，日本海洋科技研发表现为纵向发展趋势，它涉及海水利用、海洋再生能源、海洋生物资源、海洋环境探测和海洋矿产资源勘探等多个领域，为日本海洋产业发展建立了新型的海洋产业体系。沿海旅游业、港口及海运业、海洋渔业、海洋油气业则成为日本主要的海洋经济支柱产业。海洋科技研发除了得到日本政府的重视，还形成了以产、学、研为一体的联动机制，如日本政府目前实施的深海研究计划和海洋走廊计划这两个具有国际影响力的海洋科技计划，就是这一联动机制成果的最好呈现。1971年成立的日本海洋科学技术中心，隶属于日本科学技术厅，专门从事海洋及其相关技术研发的综合性研究机构，是日本海洋科学技术研究与发展机构的核心。该中心自成立以来，对海洋进行了深入的探索，许多研究成果处于世界领先位置，如其研制的 Kaiko 号无人缆控潜水器，是迄今为止世界上作业最深的潜水器，潜水深度可达到 11 000m 的海底，基本上覆盖了地球上所有的海洋内层空间。日本计划于 2001—2020 年，在大阪构筑一条长达 120 公里的椭圆形海底走廊交通线，即海洋长廊计划。该计划攻克了诸多海洋科技难题，如为有效的抵御台风、地震、海啸等自然灾害，海洋走廊隧道采取模块拼接设计，以最大限度地降低地震的威慑力，同时又保证其整体的牢固性和安全性。

四是重视国民海洋教育。日本作为一个岛国，拥有丰富的海洋资源、发达的海运网络以及得天独厚的天然屏障等诸多区位特色，使得日本国民对海洋有着一种特殊感情。然而，岛内资源匮乏、发展空间不足造就国民对海洋利益的先知先觉。日本海洋战略制定者早已考虑到，国家海洋战略的成功构建与有效实施，关键在于国民的海洋意识、海洋战略的认同感以及国民的参与行为，而这些举动离不开国民的海洋意识、海洋环境、海洋安全等相关知识的教育。

日本的海洋教育可以说源于美国海援计划（指美国的 Sea grant 以及 Sea Grant Extension Program 制度），他们效仿美国海洋教育体系、拟定教育制度，范围从高等教育向市民教育逐步延伸。发展至今，国民对海洋教育的意识更加广泛、深刻，已从传统海洋开发领域向开发与保护相结合的综合教育领域转变，而其中的关键点正是海洋环境保全。日本《海洋基本法》第 28 条指出：为加深国民对海洋的理解与关心，国家需要采取以下措施，即在学校和社会教育中推进海洋教育、运用《联合国海洋公约》和其他国际规则以及为实现海洋可持续开发和利用上的国际合作、普及与有关海洋的娱乐活动；并且，为培养具有正确应对与海洋有关的政策与问题所需知识和能力的人才，国家需努力在大学等机构推进学科教育和研究方面的措施。

7.1.3　澳大利亚

澳大利亚位于南太平洋与印度洋之间，海域面积辽阔，海洋资源丰厚，海洋科研力量雄厚，海洋产业先进，海洋综合管理模式走在世界前列，是世界上海洋产业贡献率最高的国家，同时也是世界上率先实施以海洋经济政策引领海洋发展的国家。因此，学习、借鉴澳大利亚发展海洋经济中的战略举措，对我国发展海洋经济具有很好的借鉴作用。其海洋经济发展举措如下：

在海洋产业发展方面，澳大利亚在 1997 年发布了《海洋产业发展战略》，该战略明确提出了综合管理办法，并将其视为协调不同涉海产业间的协同合作、明确各管理机构和层次间的管理幅度和管理职责以及如何推进海洋产业高效健康发展的根本管理模式，以此达到整合各部门职能，实现涉海产业、管理部门间互动协作，以提高管理效率的目的。同时，该战略还提出了海洋产业的最优化发展是以海洋环境保护为前提并具有有效可持续性，充分体现了可持续发展理念。为落实《海洋产业发展战略》，澳大利亚政府还专门成立了"国家海洋办公室"作为国家海洋部长委员会的办事机构，其职责是负责实施监督海洋规划，化解各涉海部门间的冲突，以强化政府对海洋的统一领导。此外，澳大利亚政府还相继发布实施了

《澳大利亚海洋政策》和《澳大利亚海洋科技计划》。这些计划方案的实施，对澳大利亚推动海洋产业发展有着重要影响，使得该国的海洋产业相关领域处于领先位置，拥有很强的竞争力。

从海洋环境保护的角度来看，澳大利亚十分重视政府在海洋环境中发挥的作用。为此，澳大利亚政府积极呼吁政府、社区、企业等相关部门重视海洋环境的保护和治理工作，并通过政策和法律手段为海洋环境的保护和治理保驾护航。具体体现在：一是为保护海洋生物多样性，建立海洋生态保护区。澳大利亚为落实生物多样性保护政策，根据海洋生态系统的特性，建立了一批如珊瑚礁保护区、海草保护区、海上禁渔区、沿海湿地保护带以及人工鱼礁区等不同类型的、具有代表性的海洋生态保护区。二是为进一步保护海洋环境，建立了先进的海岸观测系统和海洋观测集成系统。海岸观测系统的主要功能是根据海岸的环境变化进行预测和评估，这一技术的成功运用使得澳大利亚塔斯马尼亚生产高质量的水产品而远近闻名。澳大利亚的宁格鲁礁是世界上最大的暗礁，海洋观测集成系统负责监测并管理海洋环境，它可以观测暗礁周围环境的变化，以避免意外发生。此外，澳大利亚还拥有海洋预测系统，应用于不同的产业，提供实时的、动态的数据，使人们更好地了解海洋状态，以科学合理的方式来开发海洋资源。三是注重渔业资源的开发和保护。渔业管理部门对经济鱼类和非经济鱼类实施不同的限制捕捞政策，可依据其违法事实扣除所计点数和作为违法依据定罪量刑，有效打击现有的商业性渔业捕捞和渔业生产中的不法行为，保护本国的渔业资源。这些举措对于维持海洋生态功能、保护海洋生态环境发挥了关键的作用。

在海洋立法方面，澳大利亚政府高度关注国内海洋立法工作。目前，已建立了比较健全的海洋法律制度，约有 600 多部国内法律与海洋有关，为其海洋经济的有序发展提供了良好的法律环境。而其在 1994 年 10 月 5 日批准加入《联合国海洋法公约》，并确立其缔约国地位，更是为其在海域划分、海权争议等领域的权益争取提供了便利条件。

在海洋科技方面，澳大利亚政府十分关注对海洋科学技术的钻研与创新。为使海洋资源造福全社会和满足海洋科技发展形势的需要，澳大利亚政府出台了《澳大利亚海洋科技计划》和《海洋研究与创新战略框架》，不仅为澳大利亚领海、毗邻海域的环境、资源保护和可持续使用研究制定了基本的科学行动计划，而且也为建立协调统一的海洋研究与开发网络体系提供制度保障。同时，澳大利亚还拟定了《21世纪海洋科学技术发展计划》，着重强调对近海海洋资源环境的认识，有效的参与到全球海洋科技发展研究工作。这些计划方案的实行，使得澳大利亚在海洋科技研究方面位于世界领先位置，为其开发海洋资源、发展海洋经济提供了十分有力的技术支持。

7.2 山东、浙江、福建省国家级海洋经济示范区建设先进模式与经验借鉴

7.2.1 山东

自2011年我国第一个以海洋经济为主题的区域发展规划实施以来，山东半岛蓝色经济区建设取得了突破性的阶段性成果。它以海陆统筹为基础，以科技创新为引领，坚持可持续发展战略，不断加大投入力度，加强海洋生态环境监测，经济增长与质量保证同时兼顾，使得经济区海洋经济发展呈现出发展趋势好、增长迅速的良好形势，同时经济区的海陆生态环境也取得了改善。

在现代海洋产业体系建设方面，以传统优势海洋产业平稳而快速发展的基础，重点突出优势海洋主导产业，同时以海洋高新技术为依托，大力发展滨海旅游业、海水利用、海洋电力、海洋环保、海洋生物制药业等海洋新兴产业，已初步形成产业门类齐全、主导产业优势突出、新兴产业发展迅猛的现代海洋产业体系。

在科技创新平台建设方面，建立一批具有代表性的"蓝色智库"，如青海蓝色硅谷、日照国家蓝色经济引智试验区和潍坊国家职业教育创新发展试验区；积极推动深海生物资源开发技术、海洋矿产资源开发技术等重点领域技术攻关，海水养殖、海洋工程建筑和海洋医药等一批重大技术取得突破，构建起装备支撑、科技研发、成果转化与产业化的国家级平台体系；努力推进国家"千人计划"、省"万人计划"的实施，引进一批高端海洋科技创新人才。这些举措对半岛蓝色经济区建设、海洋产业发展有着强大的智力支持。

在海洋金融创新方面，经济区率先启动无居民海岛使用权抵押贷款工作，有效盘活经济区的海域资源，拓展海洋经济金融服务空间，创新山东海洋开发融资体制，吸引国内外资金参与半岛蓝色经济区建设，为拓宽全

国无居民海岛开发融资渠道起到良好的示范作用；创设烟台海洋产权交易中心是我国首家国家级海洋产权交易中心，主要开展海洋资源开发的投融资、涉海金融资产以及实物资产创新交易等业务，实现以海域、海岛使用权为核心的各类海洋产权进场交易，从而促进蓝色经济区资源整合和投融资平台进一步完善，为山东半岛蓝色经济区的海洋创新型企业提供投融资服务和营造良好的投融资市场环境。

在海洋生态文明建设方面，山东率先实施《山东省海洋生态损害赔偿费和损失补偿费管理暂行办法》，作为我第一个海洋损害损失赔偿补偿办法，能为蓝色经济发展保驾护航。该暂行办法的实施，表明半岛蓝色经济区在加强海洋生态保护的同时，正努力打造全国海洋生态文明建设示范区。鉴于此，日照、威海等城市积极推进海洋生态补偿试点工作，借鉴先进地区的经验，坚持"因地制宜、积极创新"的原则，探索多元化的生态补偿方式，为我国全面建立海洋生态补偿机制提供措施、技术和实践经验，从而加快其海洋生态文明建设的步伐。

7.2.2　浙江

自 2011 年浙江海洋经济发展示范区规划和试点工作方案批复实施以来，示范区的规划体系不断完善，基础设施建设不断加快，海洋优势产业不断发展，海洋科技创新实力不断加强，生态环境保护不断改善，各项建设取得了重要的阶段性成果，走出了一条具有浙江特色的海洋经济科学发展之路。发展海洋经济，规划先行。继国务院批复《浙江海洋经济发展示范区规划》后，省政府组织及相关部门编制并印发一系列专项规划，包括《浙江省海洋新兴产业发展规划》《浙江省重要海岛开发利用与保护规划》《浙江省无居民海岛保护与利用规划》《浙江省"三位一体"港航物流服务体系建设行动计划》《浙江省能源发展"十二五"规划暨浙江省清洁能源发展规划》等专项规划。为推动浙江海洋经济发展示范区的构筑，各沿海市县也积极组织编制相关配套实施方案，以加快推进象山、洞头、玉环以及大陈岛等海洋经济发展试点地区的规划编制实施工作，探索实践相关试验区建设的特色路径，为海洋经济重点领域先行先试积累经验。

突出重点，夯实海洋经济发展。浙江省在推进海洋经济示范区建设的进程中，注重全面推进与重点区块协调发展，形成全面推进推动重点区块建设，重点区块反哺全面推动的双向发展轨迹。浙江省相继批准设立象山、洞头、玉环以及大陈岛等重点区域海洋经济试点工作，统筹示范区资源，基于产业集群发展重点扶持一些特色的海洋产业基地、龙头企业、海洋工业园区等重点区块建设，以大胆创新，循序渐进，科学发展，谋求试点工作新突破。其主要目的依托重点领域和重点地区的先试先行，积累先进经验，逐渐向全省乃至全国推广，发挥其辐射带动作用，进一步夯实海洋经济发展。

注重海洋生态环境保护。浙江省高度重视海洋生态环境保持，秉持"开发与保护并举"的理念，坚持海洋经济发展与海洋生态环境保护协调发展，做到两手抓，两者都要兼顾，不走"先污染后治理"的老路子，把生态文明建设放在首位。主要举措有：一是加强岸线滩涂保护力度；二是建立一批海洋保护区；三是推进美丽港湾建设。同时，综合运用法律、行政、市场等手段加强海洋生态环境保护，构建人海和谐的发展局面，实现海洋经济的健康、有序发展。

7.2.3 福建

福建省是最晚列入国家海洋经济试点的地区，相比山东、浙江，其海洋经济综合实力略弱。然而，经过三年的不懈努力，福建海峡蓝色经济试验区着重突出"蓝色经济"和"海峡"特色，创新海洋经济体制机制，以试点工作为突破口，重大工程项目为关键点，有针对性的推进福建海洋经济的增长，增强福建海洋经济综合竞争力。

着重推进关键工程项目的建设，尽快形成海洋产业集群。福建出台了《福建省海洋经济重大项目建设实施方案》，指出全省重点推进254个海洋经济重大项目，涉及现代海洋渔业、海洋生物医药、海洋工程装备和船舶修造等12个领域。通过以重大工程项目为载体，推进海洋产业园区建设，加快形成海洋产业集群，完善海洋产业链，发挥其辐射示范效应，推进海峡蓝色经济试验区的构建。

创新融资方式，畅通融资渠道。一是加强与银行等金融机构合作，推进涉海中小企业助保金贷款业务开展。二是引导银行等金融机构设立首期现代蓝色产业创投资金，募集社会资金，缓解海洋新兴产业、高新技术产业等产业资金不足困境。三是设立海洋经济发展专项资金，重点用于海洋优势产业、海洋关键产业的发展。

建设科技创新平台，打造人才高地。借助"6·18"平台，即海峡项目成果交易会，启动"6·18"专项资金支持海洋生物制药、海洋工程装备、现代渔业、海洋工程与化工等领域先进科研成果转化；加快形成一批具有国际竞争力的科技创新与服务平台，如"6·18"虚拟研究院海洋分院、海洋生物制备技术工程实验室等创新服务平台；开展形式多样、内容丰富的政产学研创新合作模式，协同共建"海洋事务东南基地"，继续推进"海洋博士海峡西岸行"加快建立福建海峡蓝色硅谷，打造海洋人才高地。

7.3 国家级、省级海洋经济综合试验区建设相关政策文件的指导性理论支撑

7.3.1 国家级层面

广东打造国家级海洋经济综合试验区的战略构想源于《国民经济和社会发展第十二个五年规划纲要》对推进海洋经济发展作出了专门部署，并提出把广东、山东、浙江等列为全国海洋经济发展试点地区。随后，国务院批复了《广东海洋经济综合试验区发展规划》（以下简称《规划》）和《广东海洋经济发展试点工作方案》（以下简称《方案》）。《规划》明确了广东海洋经济发展目标和战略定位，规划内容覆盖了海洋空间发展布局、现代海洋产业体系、海洋科技、海洋基础设施建设、海洋生态环境、海洋综合管理体制、海洋文化、海洋公共服务八大领域，为广东贯彻落实党中央、国务院关于建设海洋经济强国的决策部署，推进海洋综合发展提供了很好的政策指导。《方案》则紧紧围绕《规划》涵盖的八大领域，创新体制机制，把加快转变经济发展方式作为主线，着力培育海洋优势产业，充分发挥科技的引领支撑作用，在重点领域先行先试，有效推进试点工作有序开展，努力开创海洋经济综合试验区发展新局面。

7.3.2 省级层面

为贯彻《广东海洋经济综合实验区发展规划》，加快海洋经济综合试验区的建设，省委、省政府下发了《中共广东省委 广东省人民政府关于充分发挥海洋资源优势努力建设海洋经济强省的决定》以及五个实施方案，即《广东省发展海洋新兴产业及海洋科技实施方案》《广东省海洋生态保护实施方案》《广东省发展滨海旅游业实施方案》《广东省发展临海工

业实施方案》《广东省集中集约用海实施方案》，这些方案的制订与实施，将有效推动海洋产业结构优化转型升级，提高广东海洋产业核心竞争力。

《广东省国民经济和社会发展第十二个五年规划纲要》专章探讨了如何"建设海洋经济综合开发试验区"，就该问题提出三点建议：一是优化海洋开发空间布局；二是深化海洋综合开发；三是加强海洋保护。这给广东省探索海洋开发新思路和海洋综合管理新模式带来了宝贵的意见。《广东省海洋经济发展"十二五"规划》作为全省"十二五"重点专项规划，从海洋空间发展布局、现代海洋产业体系、海洋科技与教育、海岛保护与合作、海洋经济区域合作等方面，系统、全面阐述了"十二五"时期广东省海洋经济发展的具体措施。

现代海洋渔业方面，广东省出台了《关于推动海洋渔业转型升级 提高海洋渔业发展水平的意见》，提出"争当全国渔业工作排头兵"战略口号，该文件的出台将有效推动全省海洋渔业转型升级，提升海洋渔业的整体发展标准，加快海洋强省建设进度；海洋战略性产业方面，广东省出台了《广东海洋经济创新发展区域示范专项项目管理办法》，建立起上下联动的工作机制，确保海洋生物等战略性新兴产业专项资金发挥效益；海岛开发和保护方面，实施《广东省海岛保护规划》，维护海岛生态安全，规范海岛资源开发，拓宽广东省海洋经济发展空间。

第8章 广东打造国家级海洋经济综合试验区的目标体系研究

《广东省海洋经济综合试验区发展规划》明确将广东定位为：中国海洋经济国际竞争力的核心区、科技成果高效转化集聚区、海洋生态文明建设示范区、海洋综合管理的先行区。为实现规划对广东海洋经济发展的示范区、先行区的要求，广东要充分发挥其区位优势，整合资源要素，以海洋科技创新为支撑，建立起现代海洋产业体系，优化海洋空间发展布局，实现广东经济的跨越式进程。

8.1 构建现代海洋产业体系，优化海洋产业结构

构建现代海洋产业体系是广东省打造国家级海洋经济综合试验区，实现海洋强省的必然要求。当前，面对海洋产业发展遭遇资源、环境、技术等方面的发展瓶颈，迫切需要构建现代海洋产业，进一步优化海洋产业结构，走出一条高科技、高产量、低消耗、低污染的可持续发展之路，实现广东海洋经济又好又快发展，使海洋经济成为国民经济发展的推动力。

8.1.1 提升改造传统海洋优势产业

构建现代海洋产业体系，重点在于提升改造传统海洋优势产业。海洋渔业、海洋交通运输业、滨海旅游业等作为广东省传统海洋优势产业，基于现有的发展实力和资源竞争优势，加大改革力度，以技术和价值链整合做大做强传统海洋优势产业，使之成为支柱性海洋产业，进一步推动本省海洋经济持续发展。

(1) 海洋渔业

海水养殖业、海水捕捞业一直是广东传统的海洋产业，对传统海洋产业的改造，应有效利用高新技术和先进适用技术优化传统的海洋渔业生产方式，实施海洋农牧化生产，形成以高新技术为支撑的立体养殖、生态养

殖等创新养殖新模式；着力发展深蓝渔业、设施渔业，加快推进深水网箱养殖示范区基地和工业园建设，打造"海上产业园"模式，推动深水网箱养殖的产业化、规范化、集群化（集约化）生产；加大对远洋渔业、南沙远洋渔业的扶持力度，加快渔船更新改造升级步伐，建设远洋渔业基地（产业园区）、南沙远洋渔业捕捞生产基地，积极推进广东渔业"走出去"战略；大力推进海洋休闲渔业、观赏渔业等新兴产业发展，进一步开发具有渔村风情、休闲垂钓、特色饮食等形式多样、内涵丰富、独具特色的滨海旅游资源，推动休闲渔业的多元化发展；引导水产品加工企业走精深加工道路，以市场需求为导向延伸产品功能，提升产品附加值和品牌效应。通过以上举措，使其发展为广东支柱性海洋产业。

（2）海洋交通运输业

把推动"三圈一带"当作契机，整合规划调整港口布局，加快以广州港、深圳港、湛江港、汕头港等主要港口枢纽的集装箱运输系统建设，增强主要枢纽港口集疏运能力；重点建设以集装箱、煤炭、矿石、油品等为主体的大型专业化码头，提升港口集、疏、运和仓储等专业化能力；积极引进和推广进出港船舶调度引航系统和施工船舶监控系统等高科技系统，以科技力量促使港口运作更加安全、高效、便捷；加快打造世界级港口城市群，积极培育一批具有国际影响力的国际化物流中心和大型专业化物流企业集团，拓展其经济腹地和经济发展空间；强化港口在信息、金融、航运、商贸、物流等领域的服务功能，形成以完善港口现代化功能为目的港城一体化建设。通过以上措施，推进海洋交通运输业成为支柱性产业。

（3）滨海旅游业

以市场需求为导向，大力发展以海上运动、海上体验、海上生态休闲、海水温泉等为主导产品的度假休闲旅游区，创建独具滨海旅游特色的滨海度假区和会议酒店，加快发展游轮旅游、游艇等高端旅游产品；在沿海地区创建以海洋生态和海洋文化为中心、以滨海旅游业为主体的滨海旅游产业园，通过设立竞争性扶持资金吸引国内外资本投入，开发具有较高质量的滨海旅游品牌；开发海洋文化旅游产业，深度挖掘潮汕文化、雷州文化、海上丝绸文化等具有广东特色的产品，不断创新优化滨海旅游产品，塑造高质量、高标准、高品质的独特品牌；加强海洋生态环境保护，推进海洋自然保护区建设，确保滨海旅游业健康持续发展。

8.1.2　培育壮大海洋战略性新兴产业

海洋战略性新兴产业是以海洋高新科技为支撑，有产业关联度高、经济效益好、发展潜力巨大等特征的产业，是优化海洋产业结构、提高海洋产业核心竞争力、实现海洋经济可持续发展的先导产业。大力发展该类产业是推动我省海洋经济发展的重要战略举措，必须充分利用所有有利因素，从完善产业链条、拓宽金融投资渠道、提高海洋自主创新能力、培养海洋战略性新兴产业龙头企业等方面扎实培养壮大广东省海洋战略性新兴产业，使之成为我省国民经济新的增长极。随着广东打造国家级海洋经济综合试验区的不断推进，海水综合利用业、海洋生物产业、海洋新能源产业、海洋工程装备制造业等新兴产业迎来新的发展机遇，完善以该类产业为主体的新兴产业基础研究，发挥政府的引导作用，重点培育壮大海洋高科技人才队伍，加大海洋科研经费投入，强化与兄弟省份及国际涉海力量合作交流等举措对于实现海洋强省意义深远。目前，广东省该类产业发展现状表现为：海洋生物医药业和海洋电力业发展势头强劲；海水综合利用业发展潜力虽已凸显，但在核心技术领域仍有待突破；海洋高端装备制造业、海洋新能源产业、海洋电子信息产业等新兴产业方兴未艾，但多停留于理论层面研究。可见，理性认识各类新兴产业的存在的问题，结合广东省海洋产业的现实状况，选择和培育壮大具有发展潜力的海洋新兴产业，为广东省在激烈的海洋经济竞争中抢占发展主动权至关重要。因此，务必做好以下几点：一是完善海洋产业链，推进产业集群发展；二是实施"科技兴海"战略，创新海洋人才培养模式；三是完善金融体制，拓宽资金来源渠道；四是深化对外合作，引进海洋高科技人才；五是培养优势企业，创新发展平台。

8.1.3　大力发展集约型高端临海产业

重点打造"两翼"高端临海石化产业基地和高端临海钢铁产业基地。依托中科合资广东炼化一体化项目等龙头企业的进驻，充分发挥龙头企业的辐射和示范作用，实施以上游带动下游，以中下游反哺上游发展的双向推进发展战略。建立一批具有国际影响力的临海石化产业园区，促进临海石化产业带形成，不断延伸以石化为龙头的产业链，带动海产品精深加工、精细化工、有机化学、合成材料等产业发展，形成石化产业集群，加强临海工业与区域内现代制造业、电子信息产业、海洋高端装备制造业等新兴产业的联动发展，进而提高整个区域的产业竞争力。优化发展临海钢铁产业，促进钢铁产业与造船、汽车、装备制造、金属制品、家电等下游产业协同发展。另外，依托海洋高新技术开发利用海洋环保能源，重点发展核电、风电、火电等滨海电力业，构建以核电、风电、火电为主体的临海能源产业，打造国家级的清洁能源基地。借助国家开发南海资源战略机遇，争取国家政策和地方财政支持，依托深水良港的资源优势，建立大型的国际化石油储备基地和天然气、成品油等管道运输装置，建立完善的能源储备体系。

8.2 构建高效的海洋科技创新体系，提高海洋产业核心竞争力

海洋科技创新是海洋经济健康持续成长的动力和源泉，是建设海洋经济综合试验区根本保障。打造国家级海洋经济综合试验区，构建高效的科技创新体系，广东必须实现以下目标：

第一，提高海洋科技自主创新能力。加快建设一批具有国家级、省部级的重点实验室、工程实验室和试验示范基地，以更好承接关乎国家海洋发展战略的重大工程项目研发工作，

同时也为海洋科技自主创新建设提供重要的载体。加强海洋高新技术、关键技术攻关，为海洋经济强省的崛起提供坚实的技术保障。完善海洋科技国际交流合作机制，鼓励引导涉海企业加强与海外科研机构、高校、企业开展这方面的合作，引进相关领域的关键技术，使其更好地服务于海洋经济综合试验区建设。

第二，创新产学研合作平台。充分发挥市场在资源配置的决定性作用和政府的引导作用，打造以涉海企业为主体，以该类产业为重点的海洋产业技术创新联盟，突破海洋产业发展共性关键技术问题，加快广东海洋产业技术创新链的形成，调整海洋经济的发展格局，增强海洋产业核心竞争力。以广东省首创的省部产学研合作模式为基础，创新合作机制，探索形式多样的合作方式，满足海洋经济综合试验区建设在不同的阶段、领域、层面和范围对技术创新的现实需求。制定完善的产学研法律保障体系，加强政府在财政、税收、金融投资等方面给予政策支持，为共建合作平台创

造良好的制度环境。

第三，加快海洋科技成果转化和产业化。加快出台《促进科技成果转化法》，从法律上明确和保障科技创新主体的股权和产权，为海洋科技成果转化提供法律保障。创新海洋科技成果转化运行机制，加快建设全方位、多角度的海洋科技创新成果转化机构、海洋科技咨询机构和海洋科技中介服务平台等科技成果转化机构和咨询平台，为海洋技术研发者、投资者、涉海企业营造公平的信息传播与共享机制，有效应对因信息不对称导致参与各主体间的利益纠纷。促进政、产、学、研、金五者的联动发展，加快实施技术转移，推动海洋科技成果的商业化、产业化运作。

第四，加大海洋科技投入力度。海洋科技创新是广东实现海洋经济强省的根本保障，而其能力的提高离不开高强度的财政支持。为此，要拓宽融资投资渠道，充分利用国家、地方政府、涉海企业、等投资主体的力量，建立多元化的融资投资机制，明确参与投资主体的功能作用，构建以政府为主导，企业筹资为主，社会筹资和外资等为辅的全方位、多角度科技投入体系。积极争取国家政策支持，加大地方政府的科研经费投入，通过设立海洋经济发展种子基金、海洋科技创新专项基金和政府投资引导专项基金等投资形式，专门用于支持本省海洋科技研发工作。调整海洋科技创新金融体系，将国家出台的风险投资税收优惠政策落实到海洋科技发展中，同时采取减免所得税、降低专利权转让所得税的份额、贷款利息补贴等形式，激发涉海企业的创新和创造力，鼓励一切涉海力量投入到海洋科研发。

第五，注重海洋科技人才培养。制定完善的海洋科技人才培养方案，满足海洋经济试验区建设和国家海洋事业发展对广东海洋人才资源建设在人才培养规模、结构分布等方面的需求，并做出具有可行性的实施规划方案。鉴于海洋经济试验区建设需要，开设与海洋战略性新兴产业、海洋科技创新紧密相关的学科专业，培养科研实践能力强的高层次人才和创新团队。创新高校人才培养模式，组织学生到海洋产业技术创新联盟、海洋科技产业园、国家级省部级重点实验室和科技孵化基地等创新平台学习和培训，为海洋经济综合试验区建设提供高端的综合性人才。拓宽海洋人才招聘渠道，鼓励国内外人才全方位的互动，引进关键性技术、高科技人才，同时实施"走出去"战略，鼓励涉海科技人员出国游学和培训，了解国际海洋经济发展前沿动态，掌握前沿的研究方法和手段。

8.3 优化 "三大" 海洋经济区空间发展布局，实现区域协调发展

根据海洋经济综合试验区的战略定位，规划布局利用好三大海洋经济区，即珠三角、粤西和粤东海洋经济区的各项资源优势，优化海洋经济布局以最大限度挖掘海洋的发展潜力，带动整个广东海洋经济实现质的飞跃。

8.3.1 珠三角海洋经济区

珠三角地处广东中心地带，其作为该省经济 "蓝色崛起" 重点建设的三大海洋经济区之一，是广东省打造 "国家级海洋经济综合试验区" 重要的 "蓝色引擎"。为此，珠三角要创新发展模式，加强城市间的协同合作，整合区域内资源优势，形成优势互补、分工明确、布局合理的空间发展布局，提高珠三角城市群海洋经济的综合实力。

加快建设一批专业化码头和集装箱码头，提高港口货物吞吐量和增强运输能力，南沙港区三期工程（广州）、盐田港区西作业区集装箱码头（深圳）、高栏港区集装箱码头二期工程（珠海）、荃湾港区煤炭码头一期工程和大亚湾港区（惠州）等重大工程项目，将是 "十二五" 后三年重点建设领域。珠三角依托优越的港口资源发展海上交通运输业、向外型经济，但临港工业发展不完善，尚未形成具有竞争优势的产业链。据此，珠海、惠州将承接国内外产业转移的重任，以石化产业为主导，加快环保型、科技型重化工业建设，打造世界级的石化产业基地和临港重化工业基地。目前，珠海高栏港经济区已形成了以 PTA 为龙头、上下游延伸的石化产业链，以中海壳牌石化项目为龙头的大亚湾石化基地也在惠州落地，带动了地区能源、钢铁、造纸等相关产业的发展。江门市积极推进大广湾综合发展经济区建设，打造珠三角地区实现 "九年大跨越" 新的增长极；合理规划产业空间布局，努力建设三大蓝色产业带，即银洲湖产业带、广海湾产业带、川岛产业带。中山市则加快临海工业园、翠亨新区建设步伐，大力发展海洋新兴产业。

8.3.2 粤东海洋经济区

粤东海洋经济区作为推动广东海洋经济腾飞的两翼之一，着力发

展滨海旅游业、临港工业、港口物流业、先进制造业、水产品精深加工等产业，克服单一的、粗糙的发展模式；秉持集中集约用海理念，重点开发海门湾、南澳西南岸、碣石湾西岸等海区，构建人海和谐发展模式。

强化汕头市作为粤东区域性中心城市的地位，依托其海岸线长、港湾和岛屿众多等丰富的海洋资源，加快建设现代滨海新城和现代化港口城市，积极推进南澳省级海洋综合开发试验县建设，打造特色海岛生态旅游和以海洋高新技术产业、先进制造业为主导的海洋新兴产业基地。汕尾市则加快融入珠三角经济圈，整治港湾生态环境并充分利用其资源，推进现代化滨海新城和汕尾新港区，打造具有影响力的电子信息产业基地和海洋渔业基地。潮州市深度挖掘潮州历史文化，打造国际旅游精品，依托西澳港区加快推进临港产业集聚区。揭阳市以惠来临海现代工业集聚区为载体，推进专业化海洋运输体系和粤东航空物流中心建设。

8.3.3　粤西海洋经济区

粤西海洋经济区同样作为推动广东海洋经济腾飞的两翼之一，应大力发展远洋捕捞业、深水网箱养殖业、滨海旅游业等产业，充分发挥湛江港枢纽功能，加强区域合作，打造以钢铁石化为龙头的临港重化工业基地、世界级石化基地以及以海洋能源为主体的新能源产业基地。

湛江依附湛江港，重点开发港口物流产业、临港重化重工业，打造国际物流中心和航运中心，同时加快形成以钢铁、石化、制造业为主导的新型重化产业集群和高端临海现代制造业集群；积极参与北部湾区域合作和粤琼桂海洋经济合作，依托良好的资源条件，着力发展海洋新兴产业。茂名依托博贺湾海洋经济综合试验区建设，加快形成石化产业集群，打造具有国际影响力的石化产业基地；加强水东湾、博贺湾整治与综合利用，大力发展滨海旅游业、港口物流业和临海先进制造业。阳江则着手推进海陵湾开发，加快形成以阳西县、阳东县和高新区三大临港工业基地为主导的临海经济带；以阳江市建设省旅游综合改革示范市为契机，重点发展高端旅游精品项目和开展形式多样的滨海旅游活动，加快建设成国际滨海旅游度假区。

8.4 构建蓝色生态屏障，确保海洋经济可持续发展

8.4.1 加强海洋污染防治，改善海洋生态环境

针对重点海域实施入海污染物总量控制制度，提高陆域、近岸海域和流域环境的整体治理能力，构建"以海定陆"的海洋环境综合保护模式，增强环境的承载力。健全海洋环境监测体系，在重要的沿海地区设立海域排污总量控制监测点，及时掌握准确的各污染物的排污总量和分布特征，以便更有规律性的减少主要污染物的排放量。加强重点港口、专业化码头和渔港环境污染协同治理，在港区内建设含油废水和生活污水处理厂等配套设施，通过完善排污许可制度和排污收费制度来实现入港的船舶油类污染物基本达到"零排放"和污水与废水排放全面达标。强化倾倒区的规范化管理，特别是珠江口及其邻近海域和海湾要严格控制倾倒区的发展规模，对 20 米水深以浅的倾倒区实施全面的整治和清理工作。

8.4.2 加强海洋生态保护和修复，维护海洋生态安全

以扩大海洋生物生存活动空间，提高海岸带海洋生物多样性，增强海洋自身净化能力为目的，加强珊瑚礁、海草场、红树林、滨海湿地等典型海洋生态区域保护与修复。建立一批具有典型性和代表性的海洋自然保护区、海洋特别保护区和水生野生动物保护区，采用现代生物技术做好濒危物种的生殖繁育工作，保护我省海域内濒危珍稀物种。建立一批具有示范性的海洋生物资源增殖流放基地，积极推进海洋牧场和人工鱼礁建设。积极开展海岸带综合整治试点工作，推进重点海域环境整治与修复示范工程，鼓励和引导社会资金参与海岸带综合保护和利用。推进海洋数字化工程，按功能不同设立典型海洋生态区域数据库、海洋珍稀濒危物种数据库、海洋生物多样性数据库等，重点建设海洋生态环境自动监测系统，并加快实现与各类海洋保护区视频控制系统的对接，同时与海洋环境管理执法系统实现数据共享，实现和保证海洋生态安全。

8.4.3 加大海洋生态环境科技研发力度，为海洋生态文明建设提供科技支撑

海洋牧场建设方面，充分发挥广东省省产学研创新联盟的作用，加强

与国内外海洋科研力量共同攻关海洋牧场的核心技术，如选择鱼类繁殖和培育技术、近海渔业资源增殖技术、海洋生态环境修复技术等，同时利用科学技术引导和规范增殖流放行为，有效地增进渔业资源，形成以海洋牧场为载体，以海洋科技为支撑，有效推进广东省乃至全国海洋生态系统的保护和修复。在海洋灾害防治方面，加强灾害监测、监视、预警与防灾减灾技术研究，重点监测风暴潮、赤潮和暴发性海产养殖病害等灾害监测和预报，加大主要环境风险源和环境敏感点风险防控体系的研究力度，以提高广东省海洋产业抗灾防灾能力，最大限度地降低因海洋灾害造成的损失。此外，积极引进国外先进技术，尤其是海洋生态与生物多样性保护技术，并积极向涉海企业推广基础性、关键性、应用型科技研究及其成果，为广东省海洋环境的保护提供现实的科技支撑。

第9章 广东建设国家级海洋经济综合试验区的支撑平台研究

9.1 广东打造国家级海洋经济综合试验区的载体支撑平台研究

9.1.1 广东沿海港口发展现状

在全球经济一体化的时代背景下，港口作为交通运输与国际物流的重要枢纽以及对外交流和国际经贸合作的重要窗口在促进临海产业集群发展，加强区域经济合作，推动海洋经济发展、协调经济腹地资源要素有效配置等方面的作用日益凸显。科学、合理、系统的开发和利用港口区位优势，充分发挥港口经济辐射带的作用，对于打造广东建设国家级经济示范区起着基础性的支撑作用。目前，广东已形成以广州港、珠海港、深圳港为核心的珠三角港口群；以汕头港和湛江港为首的粤东、粤西港口群；以清远、云浮为主体的粤北港口群。发展至今，已形成较为科学的、合理的、完善的、层次分明的港口体系布局，同时港口配套设施建设的投资力度也在不断加大，使得沿海港口经济发展呈现良好的发展态势。

(1) 港口基础设施现状

为贯彻落实沿海港口发展三大战略，即亚太中心战略、南北枢纽战略、珠江门户战略，广东省加大对港口的投资建设力度，经过几年的规划发展，港口规模不断扩大，经济作用凸显。截至 2013 年年底，全省拥有生产性泊位达 3 128 个，其中万吨级以上的泊位、沿海港口泊位、内河港口分别为 273 个、1 980 个、1 148 个。具体的沿海港口泊位情况见表 9-1。

表 9-1　2013 年广东沿海港口泊位及吞吐量

	生产用码头		泊位年通过能力		
	泊位个数 （个）	码头长度 （米）	万吨以上 泊位（个）	货物吞吐量 （万吨）	集装箱吞吐量 （万 TEU）
码头泊位合计	3 128	264 769	273	156 373	4 951.07
沿海港口合计	1 980	192 302	273	130 831	4 420.12

（续）

	生产用码头		泊位年通过能力		
	泊位个数（个）	码头长度（米）	万吨以上泊位（个）	货物吞吐量（万吨）	集装箱吞吐量（万 TEU）
广州港	568	49 273	68	45 517	1 531.11
深圳港	159	30 790	67	23 398	2 327.85
湛江港	177	17 243	30	18 006	45.18
汕头港	92	9 898	19	5 038	128.80
内河港口	1 148	30 790		25 542	530.95

资料来源：《广东统计年鉴 2014》。

（2）港口经济发展现状

从全省范围来看货物吞吐量和集装箱吞吐量均走在全国前列，港口生产总体上呈现稳定增长的趋势。但沿海主要港口完成的货物吞吐量、集装箱吞吐量在全省所占比例不高，港口功能未全面发挥。表 9－2 是 2013 年广东各市港口吞吐量情况。

表 9－2　2013 年广东各市港口吞吐量情况

	货物吞吐量（万吨）	其中：外贸（万吨）	集装箱吞吐量（万 TEU）
合计	156 373	50 551	4 951.2
珠江三角洲地区小计	121 894	39 759	4 752
广州市	47 200	11 461	1 550
深圳市	23 398	18 174	2 328
佛山市	5 474	2 247	275
东莞市	11 187	2 140	199
中山市	6 876	675	132
珠海市	10 023	2 036	88.1
惠州市	8 045	1 859	16.4
肇庆市	2 954	272	70.1
江门市	6 737	895	93.4
粤东地区小计	9 227	2 201	130.9
潮州市	1 051	634	0.2
揭阳市	2 510	——	——
汕头市	5 038	1 428	129

（续）

	货物吞吐量（万吨）	其中：外贸（万吨）	集装箱吞吐量（万 TEU）
汕尾市	628	139	1.7
粤西地区小计	22 431	8 410	55.5
湛江市	18 006	5 973	45.2
茂名市	2 370	1 274	10.3
阳江市	2 055	1 163	—
粤北地区小计	2 821	181	12.8
韶关市	53	—	—
梅州市	125	—	—
清远市	1 008	0	1.7
云浮市	1 635	181	11.1
河源市	—	—	—

资料来源：广东省交通运输厅。

9.1.2　渔港建设支撑研究

渔港是海洋渔业经济得以发展的重要基础设施和坚实后盾，具有提供停泊、避风、保障海洋渔业生产活动顺利进行等诸多功能，对于振兴传统海洋产业、发展海洋经济、优化升级渔业产业结构、提高沿海地区防灾减灾能力和水平、保障渔民的生命财产安全发挥着巨大的作用。鉴于上述认识，关于渔港建设及相关问题研究引起学者的兴趣。

(1) 广东渔港建设现状分析

自《关于加强渔港建设议案的办理情况报告》实施以来，广东省渔港建设取得了突破性的阶段性成果，尤其是在国家级中心渔港和一级渔港建设中成果更为显著。2010 年全省范围内的国家级中心渔港达 10 个、一级中心渔港达 12 个，由于这些渔港辐射能力强、影响范围广，成为区域经济发展的坚实后盾。其详细的阶段性成果主要体现为：

一是渔港防灾减灾能力显著增强，保障了渔民的人身财产安全。在广东省渔业发展"十一五"规划期间，共投入 1.6 亿元用于池塘整治，整治池塘面积达 13.8 万公顷；基本完成渔港建设十年议案确定的 56 个渔港的整治建设任务；完成工程总投资 60 667 万元，建成码头 4 790 米、护岸19 897 米、防波堤 4 058 米、拦沙堤 3 365 米，疏浚港池航道 1 256 万立方米。这些举措增强了渔港防灾减灾的能力，强有力的保障了渔民生命财产安全。

二是渔港基础设施得到有效改善，渔业经济迅猛发展。随着渔港议案的实施，扭转了我省昔日"有港无码头""有鱼无市"等一系发展状况，渔港也由过去单一的停泊功能向诸如避风、补给等多功能的转变，渔港基础设施也因此得到有效的改善。加快重点地区渔港建设成具有现代化、国际化的渔业生产基地的步伐，使其成为全省渔区经济发展的助推器，为渔区二、三产业的发展提供重要的载体。如阳江市在加强渔港建设的同时，注重水产品批发市场的建设、完善，这不仅有效的促进水产品加工业的发展，并且还促进了渔业后勤服务产业的进步，提高了渔民的收入，丰富了收入来源。

三是加快了渔区小城镇建设，促进了渔区经济结构调整。上述两点是渔区小城镇建设的基础。为了改善投资环境，吸引更多的国内外知名企业来投资办厂，大多渔港积极拓宽沿岸通道，加强沿岸绿化工作，同时政府还为投资者提供一系列的优惠政策，鼓励地区开发具有地方特设的渔业文化和旅游资源，提高第三产业的比重，创新渔区经济增长模式。雷州市乌石镇吸纳民营资本建设的集旅游观光、饮食、休闲娱乐于一身的"天成台度假村"，通过发展旅游产业来带动地区经济发展，增加港区渔民经济收入，就是很好的例子。

尽管渔港建设取得可喜的佳绩，但也存在一些问题：一是渔港基础设施建设仍然滞后。如只有少数的渔港被纳入整治改造的范围，整改对象止步于首期整治工程，后期整改工程无从谈起；渔港码头泊位不足，整体功能有待提高，泊位、拦沙、防波堤建设标准与国标差距较大，不利于渔区经济发展。二是有限的自筹资金能力成为制约渔区经济的主要瓶颈。一方面，渔港大多处于经济欠发达地区，加之捕捞成本增加和渔业资源衰退，导致渔民集资建港能力的减弱；另一方面，渔港建设议案对筹资比重进行调整，要求乡镇和渔民自筹占 50%，这对于经济欠发达的地区来说，无疑增加了其自筹资金的压力。此外，资金不足将影响到部分列入计划工程的完成进度。三是维护资金不足威胁议案成果。缺乏维护资金的支持，这对于常年遭遇台风和风暴袭击的渔港来说，即使是实施渔港议案后的成果，都在一定程度上遭受损坏，使得渔港无法全面发挥它的功能与作用，大量的渔港因此面临变成"死港"的危险，议案成果将功亏一篑。

（2）国内渔港研究现状

进入 21 世纪以来，由于近海捕捞强度过大、海洋生态环境遭到严重破坏、渔民转产转业后严峻的就业压力等问题的日益突出，催生了人们对发展生态渔业、休闲渔业，建设中心渔港、生态渔港的迫切愿望。如何统筹以渔港及其所在乡镇为依托的渔港经济和乡镇经济的协调发展成为学术界重点研究的领域之一，随之附带的渔港经济区的有关研究也在如火如荼的进行中。为此，本书将就新时期的重点研究成果进行综合概述为以下几个方面，以期为后期广东省渔港建设提供理论指导。

一是渔港经济区建设方面，大多学者从产业集群理论视角进行探讨。李权昆以具体的渔港经济区——湛江市渔港经济区为研究对象，阐述产业集群与渔港经济区之间的关系，提出以产业集群为依托的渔港经济区的发展模式和建设思路。王芋萱根据产业集群理论，探讨了我国建设渔港经济区的发展模式和思路，综合运用因子分析和 SWOT 矩阵分析法分析了我国渔港经济区建设的影响因素，并从政府、企业、文化等不同层面提出我国建设渔港经济区的战略选择、发展对策和建议。也有学者以产业集群价值链为切入点，提出渔港经济区的建设思路。

二是渔港布局方面，陈万灵采用区域经济理论中的典型"点-轴"布局理论，分析了广东渔港布局现状以此来确定其功能定位和功能分工体系，从区域重点渔港、连接渔港之间和腹地城镇之间发展轴确定三个维度提出广东渔港"点轴式"布局思路。为贯彻落实"十二五"渔港建设规划的目标，就建设多少个中心渔港、一级渔港以及在哪里建才能最大地发挥渔港合理布局所带来的经济效益，李放等以浙江省为研究对象，将渔港选址等复杂问题运用数学方法简单化，制定出浙江省合理的渔港数量及格局。孙慧慧将海水产品产量作为海港布局重要的衡量标准，首先通过建立海水产品产量的组合预测模型来预测山东省"十二五"时期末的海水产品产量以此来确定山东省渔港布局的总体要求；其次通过建立模糊综合评价模型确定山东省港口布局的重点市县及其级别；最后根据"点-轴"空间结构系统理论构建了山东省港口布局体系，并对此提出建设思路和对策。

三是中心渔港建设方面，刘晓晖就国家级中心渔港如何实现"三优转换"问题进行探讨，他采用以点带面的研究思路，以杏树国家级中心渔港为例，具体阐明了其推进"三优转换"的实践过程，并对此提出对策建议。部分学者将中心渔港建设与海域生态环境、滩涂生态恢复改造联系起来，指出中心渔港的建立必须立足于可持续发展观，科学合理规划发展路径，建立生态补偿机制，综合考虑中心渔港建设对海域环境的影响力。除此之外，也有学者探讨中心渔港在渔业经济中的产业集群效益，鉴于传统渔业的不足构建产业集群平台来带动相关产业发展和渔业经济的可持续发展，从而提出中心渔港建设建议。

9.2 广东打造国家级海洋经济综合试验区的生态支撑平台研究

9.2.1 广东海洋资源概述

广东省眺望太平洋，濒临南海，毗邻港澳，紧靠东南亚，东接海峡西岸经济区，西连北部湾经济区，南临海南国际旅游岛，海洋资源丰富，区域优势显著。

广东省海域面积广阔、滩涂广布、海岸线悠长，均处于全国前列。优越的区位条件造就了广东拥有诸多的优良港口，大亚湾、大鹏湾、碣石湾、博贺湾及南澳岛等地均是拟建大型深水港的港址，发展比较成熟的广州港、深圳港、珠海港和湛江港四大港口已成为我国对外交通和贸易的重要枢纽，位于深圳的盐田港已然是我国沿海四大国际中转深水港之一。据勘测发现，在我省所管辖的海域范围内，石油、天然气、天然气水合物、非砂矿固体矿产矿、探明滨海砂矿等资源储存量大，海洋矿产资源相当丰富，以依托粤西海洋经济区为我省发展临海钢铁工业、临海石化工业提供强大的能源条件。此外，沿岸波浪能、潮汐能与海岛风能开发潜力巨大，海洋生物、滨海旅游、等海洋资源十分丰富。目前，我省已建立98个海洋与渔业区，海洋自然保护区面积、数量和保护种类均居全国首位。拥有经济价值的鱼类资源200余种，粤东渔场和珠江口万山渔场均是我国著名的近海渔场，适宜的海水盐度为沿海工业提供源源不断的原料资源。丰富的海洋自然资源和优越的地缘关系，为广大省打造国家级海洋经济示范区奠定了基础条件。

9.2.2 国内外海洋生态环境保护的相关经验借鉴

随着我国"海洋战略"的提出和实施，沿海各省份积极响应国家政策，利用自身优势发展海洋经济，抢占海洋战略制高点。然而，在海洋资源得到充分开发，海洋经济快速增长的同时，海洋环境也被严重污染。海洋生态环境是发展海洋经济的前提条件，《广东海洋经济综合试验区发展规划》文件中，明确提出将广东省打造成"海洋生态文明建设的示范区"。因此，有必要借鉴国内外关于保护海洋生态环境的相关经验，为有效推进和保障广东海洋经济综合试验区建设奠定坚实的基础。

（1）海洋生态补偿机制的国内经验借鉴

新时期，我国相关涉海部门和沿海省份对海洋生态补偿机制开展了一系列的探索性工作，主要体现在出台相关的规范性文件，并在海洋生物资源的补偿、海洋生态系统的保护、海洋资源的养护等方面，取得了一定的成效。下面，主要介绍山东省在这方面取得的阶段性成果。

2010年，山东省出台了我国首个相关方面的办法，即《海洋生态海洋生态损害赔偿费和损失补偿费管理暂行办法》（以下简称《暂行办法》）。该暂行办法首次涉及海洋生态损害赔偿和损失补偿的主体和适用范围，主要内容包括赔偿费和补偿费的征收、使用管理和用途，补偿费的各级分成与减免，对赔偿费和补偿费征缴和使用的监督检查等方面的具体界定等方面。海洋生态损害赔偿费和损失补偿费金额，则按照《山东省海洋生态损害赔偿和损失补偿评估方法》评估确定。随后山东省积极开展相关工作部署，确立了威海市、东营市为试点城市。威海市主要从海洋开发活动生态补偿、海洋生态修复工程生态补偿和海洋保护区生态补偿三个方面开展工作。在海洋开发活动生态补偿方面，以围填海为突破口，在此基础上，征缴围填海工程海洋生态损失费。在海洋保护区生态补偿方面，将实现相关方面的制度化管理，寻求制度上的保障。在海洋生态修复工程生态补偿方面，将根据不同近海海域的自然特征，确认出具有代表性的生态脆弱区，对其进行重点修复。东营市则依照《暂行办法》和《中华人民共和国海洋环境保护法》，积极编制出台《东营市海洋生态损害赔偿和海域使用补偿暂行办法》，同时还积极开展海洋渔业资源增值放流、争取上级资金支持东营海洋生态治理工作、征收海洋生态损害赔偿费和损失补偿费，用于相关工作的治理。沿海城市的积极探索，对于推进我国海洋生态补偿法规、制度的建立具有积极意义。

（2）海洋生态文明示范区建设的国外经验借鉴

创建国家级海洋生态文明示范区是贯彻落实《广东海洋经济综合试验区发展规划》的重大战略举措，对于广东加快海洋经济强省建设步伐、提升海洋综合管理能力、增强海洋经济综合竞争力具有举足轻重的意义。横琴新区是我国首批国家级海洋生态文明建设示范区之一，借鉴国外实践成果推进横琴新区海洋生态文明建设积累经验，对于广东乃至全国海洋生态文明建设具有重要的启示。为此，本书主要介绍日本在生态城镇建设和污染治理方面的经验。

生态城镇建设中，日本对北海道地区实施环保政策取得了一定的成效。早期，日本走"先污染，后治理"的发展道路，导致北海道地区环境公害问题越演越烈，引起当地居民的强烈抗议。之后，日本政府逐渐认识到问题的紧迫性，通过调整产业结构适当缓解了对生态环境造成的压力，同时先后实施6期综合开发计划和三大发展战略目标，使得北海道地区无论是经济发展、产业结构优化还是人民生活水平、生活质量、生态环境等方面都取得了佳绩。当然，北海道资源开发利用与环境的和谐发展需要制度的约束。为使北海道开发有法可依，日本政府以立法的形式先后颁布了《土地基本法》《海洋污染防止法》等一系列法律法规，其中还包括部分特殊地区法规，如《暴风雪地带对策特别措施法》《促进多极分散型国土结构形成法》等。

污染治理方面，突出的成果是东京湾环境修复与建设工作和海洋生物生存环境改善工作。东京湾作为日本政治、经济、文化的核心，主导者着绝大部分城市和产业发展。高度发达的产业经济带、高度密集的人口聚集地、高密度工业生产基地集于一身造就了东京湾成为世界上临海工业区的典型代表，也正因为如此，出现了水污染、海水水质恶化、湿地破坏严重、渔业资源锐减、赤潮持续时间长等诸多环境问题。此外，大规模的填海造地工程也导致海水自净能力的衰退、纳潮量的急速递减、海水生物资源的严重退化等环境问题。这些环境问题严重阻碍了日本经济、社会的向前发展。为此，日本政府投入了大量的精力，展开了一系列的调查研究工作，组织相关部门编制有关法律法规，并相继出台了《东京湾整治行动计划》和《东京湾环境恢复与建设规划》（2006—2015）。其中，《东京湾环境恢复与建设规划》制定了生物生存环境改善计划，强调要充分考虑海水交换能力和水质净化能力、生物生存等因素，普及环境友好型工程设施，充分利用航道疏浚和港口工程产生的优质沙土，用于滩涂、藻场、浅滩的保护和恢复建设，建造岩礁和渔礁改善已有设施功能。经过几年的环境修复与建设和海洋生态环境整治工作，东京湾的海域环境得到很大改善。

9.3 广东打造国家级海洋经济综合试验区的科技支撑平台研究

科技创新是推动海洋经济健康发展的核心因素,是实现经济健康发展的坚实基础。为此,立足于海洋科技创新、加快海洋科研成果的转化应用、实现全面实施科技兴海战略,对于广东打造国家级海洋经济示范区,实现海洋经济强省的战略目标发挥着至关重要的作用。

9.3.1 广东海洋科技发展现状

(1) 多元化、多层次的涉海研究主体

目前,广东依靠相对丰厚的人才优势和科研机构,筑建海洋科研与教育创新平台,创立了覆盖水生经济动物良种繁育、海洋渔业生态环境、海洋生物技术、近岸海洋工程等多领域的省部级以上涉海重点实验室 26 个,其中国家重点实验室 3 个。与国家海洋局共建广东海洋大学,构建了海洋科技成果转化应用平台体系,初步形成了广州(海洋生物工程)、深圳(海洋生物制药)、珠海(海洋可再生能源)等产业技术集聚区。扶持以广东恒兴集团为龙头的企业,广泛开展技术合作、攻关,并利用"双龙头"企业优势建起了高新科技园区。

(2) 海洋科技创新与创业平台成效凸显

广东省有效地整合高校、科研基地、企业等不同涉海研究主体的科研力量,紧跟国际海洋科技发展步伐,跟踪和研究重大海洋科学问题,攻破了制约和阻碍海洋经济发展的技术难题,形成了一批具有前瞻性的技术创新成果。其中海洋能源开发、海洋生物资源开发利用、深水抗风浪网箱和海水养殖种苗培育等多项技术居全国领先位置。"十一五"期间,广东省共获得省级以上奖项 99 项,其中国家科技进步二等奖 2 项、国家海洋成果创新奖 9 项、国家专利 36 项,海洋科技贡献率达 50%。

(3) 海洋战略性新兴产业蓬勃发展

在海洋可再生能源方面,由科研院所和高校共同承担的新型高效波浪能发电装置的研发与应用、适应低能流密度的复合波浪能转换模式及关键技术研究、海岛波浪能独立电力系统规模化应用示范工程等重大工程项目取得突破性进展,成绩显著;在海水综合利用方面,目前已初步形成基于

反渗透技术为主的海水淡化技术产业群体，直接利用海水作为工业冷却水的核电厂和火电厂也形成一定的规模，与中科院合作研发的"膜法海水淡化新技术"更是处于国际领先水平，海水直接利用技术在临海工业的大规模利用使得广东省年海水直接利用量居全国首位；在海洋生物制药技术方面，以海洋药物和候选海水化合物为主体开发具有南海资源特色的海洋生物制药技术已取得重大突破，有望形成以鲨肝刺激物质类似物等为代表的新型海洋制药产业群；在海洋生物技术方面，开发了具有国际水准的多种热带海洋生物活性化合物优化技术，并利用此项技术在国际上首次发展了119种海洋生物活性化合物，同时通过科技创新来提高海洋生化制品的附加值，开拓了海洋生化制品市场。

除此之外，海洋科技工程被列入加快发展的十大新兴产业之一。海岛风能、太阳能、波浪能等可再生能源的综合利用研究已经取得了一些成绩，建设了我国首座20千瓦及100千瓦海洋波浪能示范电站，研制出世界上首座波浪能独立稳定发电系统并成功地通过了实际海况试验。

9.3.2 产学研联盟

产学研联盟是指企业、高校、科研机构等一类的科研主体以科技合作为纽带，协调和优化配置各主体优势资源，加快技术创新和转化科研成果，服务于国家经济发展，实现利益共享、优势互补、共同发展的一种具有战略意义的合作伙伴关系。它是基于产学研合作平台筑建起来的新型合作方式，是"产学研合作"发展的最新阶段。产学研联盟的提出和实施契合了我国实施自主创新战略和国家海洋发展战略，对于推进国家创新体系的建立和完善、促进海洋经济的发展、提高国家与企业的创造力与创新能力、解决海洋能源开发利用面临的诸多技术难题等都具有重要意义。

在此，从国内外运用产学研联盟模式取得巨大成果的典型经验进行归纳总结，以期对广东探索新型的产学研联盟发展模式有所裨益，以此来提高广东省海洋科技自主创新能力，进而加快海洋经济示范区建设步伐。

（1）国外产学研联盟模式研究

在知识经济一体化的时代背景下，科技创新成为企业乃至国家竞争力的重要砝码，产学研联盟也理所当然地成为推动国家经济发展的助推器。结合广东产学研联盟运行的现实状况，本书重点介绍美国、日本两国的产学研联盟发展现状，引以为鉴。

——美国产学研联盟模式。

美国是产学研合作思想萌芽的摇篮，同时也是世界上最早进行产学研合作研究的国家。斯坦福大学教授曼特首创的"硅谷模式"具有划时代意义，随之在全球范围内掀起了一股产学研联盟研究的浪潮。美国的产学研联盟经历了萌芽期、发展期、成熟期三个发展阶段，在不同的成长阶段表现独特的产学研联盟模式。其中具有典型代表性的模式有：

第一，科技工业园区模式。美国的科技工业园区模式根据主体定位的不同，分为三种类型：一是以大学为中心的科技工业园区。该类型是以大学为中心，与科研机构、企业合作联合举办的高新技术密集区，其中最有代表性的是"斯坦福工业园"。依托"斯坦福工业园"发展起来的"硅谷模式"象征着科技腾飞和知识创新的明信片，影响着美国乃至世界范围内的科技工业园区的发展。随后，美国东北部、中南部、中西部等高等院校比较聚集的地区也纷纷加入科技工业园区建设的行列。二是以企业为中心的科技工业园。著名的"波士顿128号公路的高新技术园区"就是依托企业来组建的科技工业园区，目前，在此落户多达700家以上的电子公司和计算机企业，主要从事着电子仪器设备、军事设备和交通工具等研发领域，形成了多元化的高新技术综合开发区。三是由州政府主导的科技工业园区。该类型主要体现在北卡州政府主导的"三角科技园"和奥斯丁市政府主导的"奥斯丁市技术中心"，其中"三角科技园"借助其科研优势和生产优势，吸引了一批国家级研究所，如爱立信、美国环境与健康研究所等。

第二，高技术企业发展模式。美国的高技术企业发展模式根据科研成果的作用与用途不同，分为四种类型：一是风险创业型。该类型作为高技术企业最典型的生产方式，源于科研工作者的研发成果是通过风险投资来创建该类企业，进而生产该类产品。这种研发理论催生了"双重转换"模式，即实现了科研成果向产品的转换，同时也实现了学者向企业家的转换。二是产学合作型。该类型将高校、企业、科研机构等不同科研主体紧密地结合起来，形成命运共同体、利益共同体。它们依据各自不同优势，共同生产高技术产品，实现利益共享。三是技术移植型。简单地说，就是研发成果的主体（高等院校或科研机构）将其转让或出售给企业，企业通过购买、凭租等有偿方式引进高技术成果，是通过转换企业的生产方式来改善产品的质量和提高员工的高工作效率。四是外力嫁接型。换言之，就是利用引进高技术、拓宽资金渠道等外在资源力量与企业落后的生产技术、工艺或流程相融合，通过技术嫁接方式对其进行技术改造来生产高技术产品，进而塑造高技术企业形象。

第三，企业孵化器模式。该模式起源于20世纪70年代初，由美国伦塞勒综合工学院试行的一项"培育箱计划"，目的是为新产品和小企业的生存和发展创造良好的竞争环境和提供必要的帮助。为此，企业孵化器模式致力于培养创新型、技术密集型的新建小企业，为其提供便宜而富有灵活性的场地，同时还提供资金、管理、技术、人员培养等方面的援助。美国的企业孵化器模式根据创办主体的不同分为四种类型，即地方政府或非营利组织、大学或研究机构、风险投资公司、种子基金投资公司或大企业、非营利机构和私人合股。

除此之外，还有专利许可和技术转让模式和工业—大学合作研究中心及工程研究中心。这些产学研联盟的经验对于广东甚至国家产学研联盟发展和创新具有重要的现实作用。

——日本产学研联盟模式。

自"科技立国"战略的提出，日本产学研联盟模式得到空前的发展，形成了具有自己特色的合作模式。它的独特之处在于强调政府的主导作用，因此，该种模式也被称为"官产学研合作"模式。其主要的"官产学研合作"模式有：

第一，多元化的研究制度模式。该模式基于日本国立大学与企业因合作意图、双方资源优势等内外因素共同作用而形成，主要有以下几种形式：①共同研究制度；②共同研究中心制度；③委托研究制度；④委托研究员制度。

第二，顶尖高科技孵化中心模式。该模式与美国的企业孵化器模式有所不同，它致力于申请专利、搜集发明等大学技术转让工作，由拥有丰富工作经验的企业家负责日常经营工作，而公司股东则由大学教师或教授来担任，公司运营机制主要以会员制方式来进行，这样的合作理念，实现了科技成果产业化。

第三，加强人才培养与交流模式。该模式的实施在促进了日本产学研合作的发展。一方面，鼓励大学通过一系列行之有效的培训项目，有针对性地为企业培养技术性型、知识密集型人才，使高等院校成为企业的人才储备库；另一方面，企业利用自身资源优势为高等院校教师、学生提供实践场所和科研基地。另外，日本还积极鼓励高等院校教师脱产到全国各地的研究所、企业学习实践，极大地增强了大学科研成果与产业界的需求相吻合。

此外，日本还积极参与和开展国际科技交流与合作，由政府塔台筑建科技交流平台，以缓解某些高新技术创新领域人才不足的现象。

（2）国内产学研联盟研究

构建以"企业为主体、市场为导向、产学研相结合的技术创新体系"已成为我国实施自主创新战略、加快建设国家创新体系的重要内容。近几年来，随着国家、政府对产学研合作重要性认识的不断加深，深刻意识到产学研合作是实现国家科技创新和经济腾飞的重要途径。鉴于此，教务部与有关部门积极响应国家实施自主创新战略，为推进高校产学研合作搭建发展平台和提供相配套的政策服务。

目前，高校与企业在领域、范围等方面构建了多元化的伙伴关系，同时积极探索与区域经济发展相契合的产学研合作模式，加速科技成果转化，努力激发企业的创新意识，使其成为创新主要力量，形成了一批具有典型代表性的产学研合作模式。

——广东省部产学研合作模式。

广东省部产学研合作模式，是我高校探索产学研合作新模式、深化和提升产学研合作水平新途径取得的重大阶段性成果。在省部产学研合作模式的推动下，广东省企业的创新创造能力得到显著提升，效果显著，已成为广东省建设创新型强省、打造国家级海洋经济示范区、实现海洋经济强省的强大引擎，使得广东由粗放型经济向集约型、技术密集型经济华丽转变。该模式呈现以下几方面特征：

第一，强调政府引导作用，吸引多元主体参与。广东省与教育部、科技部联合出台了多项政策文件，通过设立重点项目、保护知识产权和科技专项资金来积极引导和参与省部产学研合作建设，鼓励产业界和科教界协同合作，发挥企业的主体作用，对联盟从事的技术研发、科技成果转化和科技产业化给予相配套的政策、资金和技术支持，充分发挥市场在省部产学研合作资源配置的决定性作用，吸引科技服务中介机构、研究所（院）、成果推广中心等多元主体参与，共同推进省部产学研合作的创新发展。

第二，整合优势资源，推动产业及企业创新发展。广东省部产学研合作汇集了研究所、高等院校、知名企业的资源优势，在相关产业的技术领域组建国内领先水平的研发团队、国家级与省部级重点实验室等创新平台和培育省部产学研联盟示范基地，为产业结构的转型和企业的技术创新、自主研发能力提供强大的技术支持。

第三，致力于解决公认技术问题，强化行业核心竞争力。省部产学研合作立足于整个行业发展，在上述两点的基础上，协同攻关某一行业公认的技术难题和制约高技术产品产业化的核心技术，制定联盟今后一段时期的战略目标，履行各自的职责义务，构建科研成果共享平台，提升整个行业的科技创新水平，打造具有行业特色的品牌核心竞争力。

——共建实体模式。

共建实体模式是指基于共同利益和目标意图，企业、研究所和高等院校联合形成统一的整体，整合系统内部资源并优化配置，充分发挥各科研主体的优势，实现优势互补，在利益共享、风险同担的基础上建立长期的、稳定的综合性实体创新合作模式。该模式不仅解决了企业遭遇的技术瓶颈，而且还为高等院校、研究所提供了科研经费和实践场所，更为重要的是向社会提供科技服务和技术支持，加快了国家创新体系建设的步伐。

发展至今，已形成形式多样、体系健全的实体合作模式，包括以企业为单位的实体、校企联合实体、共建科研机构和工程研究中心等。尽管形式不同，但它们都具有共同的特性：

第一，各研究主体具有明确的权、责、利关系。在权益方面，按照科研成果的主体是谁来判断权益的归属权，若科研成果是由各研究主体共同努力成果，则各研究主体共同享有；在职责方面，企业主要承担资金、场地、设备、生产资料等硬件设施，而高校、科研机构则主要提供人才、技术、实验设备、高新技术成果等软件服务，发挥各自优势资源；在利益分配方面，原则上是按照各自的投入比例来进行分配，但是是在保证还贷和贮备企业发展基金的条件下。

第二，共同的追求目标和价值取向。参与产学研联盟的各个主体是相辅相成，共同发展的。他们拥有共同的追求目标和价值取向，需借助共建实体模式来实现。

第三，构建长期稳定的合作伙伴关系。产学研联盟成员合作领域主要集中在教学和科研方面。鉴于明确的权、责、利关系和共同的追求目标和价值取向，高校、研究所培养高科技人才，成为企业的人才储备库；而企业作为实践基地，为高校、研究所提供资金与管理服务和必要的实践场所。为此，构成了他们长期稳定合作的坚实基础。

——合作开发模式。

所谓的合作开发模式是指产学研联盟的各组织成员，在保持原有的体制机制下，统筹各自的优势资源，共同完成某项科技成果，实现技术创新的过程。一般情况下，该模式解决的是某一领域公认的技术难题或是阻碍企业生产高技术产品的核心技术，单一的研究主体很难独立的完成，致使能完成也需要投入更多的精力，同时也面临着一定的投资风险。因此，合作开发模式成为他们最好的归宿。合作开发模式具有以下几个特点：

第一，合作对象高级别。开发技术的难度系数决定了合作开发模式合作的对象。其合作对象一般是大型的企业、国家级、省级的科研机构。

第二，合作项目开发难度大。合作开发模式的目的是解决某一领域公认的技术难题或是阻碍企业生产高技术产品的核心技术。可见，其开发难度大，这也是合作开发模式存在的基础。因此，需要整合各研究主体的优秀资源，协调合作。

第三，项目开发的过程实际上是技术创新的过程。基于上述分析，项目开发本质上是改进原有的、落后的生产技术、流程、工艺，解决制约企业生产高科技产品的关键技术，进而提高企业乃至整个国家的自主创新能力。因此，项目开发的过程实际上是技术创新的过程。

9.4　国内外产学研联盟对广东省的启示

综合国内外产学研联盟的合作模式，尽管各具特色、形式各异，但都具有基本的共性，即基于共同利益、发展目标、价值取向，统筹、优化配置各自资源优势而建立起来的合作机制。这些合作模式对广东省发挥产学研联盟优势，为广东省打造国家级海洋经济综合试验区提供理论指导和智力支持具有很好借鉴意义。

9.4.1　政府在推动产学研联盟中扮演着重要的角色

任何一项政策的有效实施都离不开政府的积极引导和大力支持，这在日本独特的"官产学研"模式中展现得淋漓尽致。为此，根据目前广东省产学研联盟的发展态势和打造国家级海洋经济示范区的现实需要，必须重新认识政府在产学研联盟扮演的多重身份，即政府不仅仅是产学研联盟的推动者，同时也是产学研联盟框架体系的架构者，行为规范的监督者，合作秩序的维护者，运营环境的营造者，合作信息的传递者。一方面，政府要制定相关政策，积极发挥其组织、协调、管理、服务的功能，引导该联盟的前进；另一方面，政府要制定、完善、健全相关的法律体系，运用法律手段维护成员利益，为该联盟的发展提供法律支持。

9.4.2　充分发挥企业在产学研联盟中的主体地位

增强国家自主创新能力，关键在于确保证企业在创新创造中的主体地位。这在美国产学研联盟模式中表现得更为突出。无论是科研经费、科研成果诞生还是科技成果的转化，企业作为主体地位推动该联盟发展和作用不可小视。具体体现在：一是有利于增强广东省自主创新能力和综合竞争力。针对国家新兴产业发展的迫切需要和技术瓶颈，企业利用其优势产业和集聚科研院所强大的科研实力，实现关键技术的重大突破，打造支撑广东省海洋经济示范区建设的航空母舰和主力舰队。二是有利于加快科技成果的产业化。鉴于美国产学研联盟模式的认识，不难发现企业在促进研究成果的转化和实现产品市场化方面发挥着巨大的作用。因此，充分发挥企业在产学研联盟的主体地位，解决我国海洋战略性新兴产业核心技术难以攻破，科研成果不能转化为实际生产力的尴尬境地。

9.4.3　强化科研界知识创新的核心地位

以高校、科研机构为主体的科研界，是孕育高层次科技人才的摇篮，是推动国家经济发展的动力源泉。这点在我国高校产学研联盟模式中更为突出。我国高校利用其人才、科研优势与企业合作，联合攻关开发难度大的技术项目。一方面，基于企业发展的战略目标和现实需要，有针对性地培养并向企业输送其所需的高科技应用型人才，优化企业人才资源结构，为其生产高科技产品和加快实现技术创新的步伐提供强大的智力支持，从而间接增强了企业自主创新能力和竞争优势。另一方面，企业同样利用自身资源优势，为高校、科研机构提供资金支持，拓宽其资金来源渠道，有效缓解了高校、研究所科研经费不足的现象，同时还为其提供厂房、生产资料、实践场所等。它们之间实现良性的循环机制，为知识创新、技术创新奠定了坚实的基础，源源不断地推动国家经济的发展。因此，务必强化科研界知识创新的核心地位。

第10章 广东打造国家级海洋经济综合试验区的产业发展研究

10.1 临港重化工业发展研究

临港重化工业是指在经济全球化的时代背景下，为追求成本优势而承接国内外产业布局重新调整和产业转移的现实需要，依靠沿海深水良港的良好地理条件和集聚一批重大型企业为基础发展起来的以钢铁、石化、冶炼、机械制造、汽车等资金和技术密集型的基础原材料或基础产业为主体，以"大进大出"为特征的一种高投入、大运量、大产出的产业区域集聚和组织体系。重化工业是沿海港口城市和区域经济发展的重要基础和引擎，更是一个国家或地区经济快速发展的物质保障。正因为如此，重化工业享有"起飞产业"的美誉。广东海洋经济综合试验区上升为国家发展战略，必须立足于产业，发展临港重化工业推动区域经济发展已成为我国国民经济新的增长点。因此，借鉴国内外临港重化工业发展经验，对我省结合自身区域特点发展临港重化工业推动综合试验区建设进程具有十分重要的意义。

10.1.1 国际临港重化工业发展模式

(1) 日本

第二次世界大战后的日本在短短的几十年里，创造了震惊世界的经济崛起神话，成为仅次于美国的世界第二大工业强国，之后便超越美国成为世界上最大的重化工业生产基地。日本的华丽转身，建立在环太平洋的临港重化工业带发挥了重要的作用。

日本的临港重化工业发展，是典型的政府主导外向型发展模式。面对国内基础资源匮乏和国土面积小的现状，日本政府组织兴建了一批大型深水海港和海岸工业带以及开展大规模的填海造陆工程，打破了经济发展的资源瓶颈。快速的经济增加必须以钢铁、石油等基础燃料为主体的重化工业为支撑。二战后的日本将重化工业作为促进日本经济复苏和发展的支柱产业，此后日本的工业结构明显向重化工业转移。在空间布局上，日本政府针对临海港口、港湾展开一系列的调研工作，根据港口的不同区位优势和功能定位决定举全国之力开发东京到北九州的环太平洋一带即"三湾一海"，并对其进行统一的规划布局。以有色金属、机械制造、化学工业、汽车等重化工业为主的临海重化工业就分布在"三湾一海"一带。太平洋沿岸则集中配置能源、电力、石化、造船等耗资源型联合企业，这有效地避免了因地缘关系造成企业中转运输费用的增加，有机的融合了原料码头和产品码头优势资源。这不仅确保了二战后日本的经济复苏和发展，同时还构造了日本重化工业空间分布体系的基本的格局，奠定了其临海重化工业空间配置模式。闻名世界的环太平洋沿岸的临港重化工业带就是在这一时代的产物。

（2）新加坡

新加坡是成功运用地理区位优势发展临港产业的典型国家，裕廊工业区的建设是其工业化程度较高的最好见证。新加坡位于太平洋和印度洋之间，是通往亚、欧、非大陆重要的咽喉要道，战略地位十分显著。

新加坡作为货物集散中心，面对资源稀缺、海外市场有限、"储蓄缺口"和"外资缺口"等严峻的国内外环境，向外型的经济发展道路成为新加坡解决经济发展瓶颈的必然选择。天然的深水良港、发达的交通运输网络、充裕的土地资源等资源优势为新加坡大力发展临港产业提供了先决条件。裕廊工业区就是依托港口优势发展起来的临港工业区，发展至今，已成为新加坡最大的临港工业区之一。20 世纪 70 年代，新加坡成为世界上重要的造船和炼油基地，以石油化工、机械制造、造船工业为主体的临港工业发挥着关键性的作用。新加坡效仿日本填海造陆的方式，将位于本国南部分散的 7 个岛屿连成一体，整合各自资源优势打造石化产业集聚中心地带，即裕廊化工岛。优越的水资源环境、良好的投资环境、天然的深水良港、发达的交通运输网络吸引了诸多大型的跨国企业进驻，如杜邦、埃克森美孚、伊斯曼等。高度密集的临港工业化，使得其成为仅次于鹿特丹、休斯敦的世纪第三大炼油基地和电子产品以及集成电路的重要生产基地。

此外，裕廊工业区在发展临港工业的同时，借鉴日本等国家的经验，统筹规划、合理布局，注重工业的协调发展，拓宽投资融资渠道，大力发展资金、知识、高端技术密集型产业和打造一批具有国际竞争力的港口物流中心，积极培育物流产业链以最大限度的延伸与之配套的产业链，形成了一批高效生态的临港产业园区和走出了一条以"政府引导、港城联动"为特征的模式。

10.1.2 国内临港重化工业发展模式

(1) 上海

上海港地处于长江流域与海上南北运输通道的交汇点，是我国东部沿海地区重要的海上交通运输枢纽，目前已形成以上海港为中心的规模庞大、功能齐全、辐射范围广的长江三角洲港口城市群。上海临港重化工业发展呈现综合性的轻重工业混合发展模式。迄今为止，已在金山、宝山、浦东等地已建立起一批大型的临港重化工业基地，当前兴建的上海国际航运中心、上海临港产业园、上海临港新城等大型项目将对上海临港重化工业的产业布局和功能定位产生巨大的影响和促进作用。

上海临港工业发展的显著特征是临港工业基地的大型综合化。上海金山临港工业基地是我国第一个临港工业基地，以石油化工为主的综合性化学工业园区即上海奉贤化学工业区，预测将在规模上有望超越美国休斯敦临港石化工业带。这充分彰显了以大型综合性重化工业为主体的临港工业基地的优越性。上海临港工业发展的其他显著特征是重工业与轻工业混合发展，这点类似于新加坡临港工业发展模式。在充分分析上海临港工业发展现状的基础上，着重发展石油化工工业、汽车工业、造船工业等传统优势重工业，同时注重发展高新技术产业、信息技术产业等新兴轻工业。上海临港产业园自筹建以来，主打高端技术和装备，在汽车整车基地、新能源装备基地、船用关键件基地等不同领域取得重大的技术突破，打破了部分发达国家技术装备垄断的局面，填补了关乎国家发展前途的核心技术、装备等领域空白。其发展模式在全国沿海省市都值得借鉴。

(2) 宁波

宁波港由五大港区组成，即宁波港区、穿山港区、北仑港区、大榭港区和镇海港区，其地处于中国大陆沿海与长江黄金水道"T"形航线的交汇点，是我国四大深水良港之一。目前，宁波港临港工业已基本形成以钢铁、机械、汽车、石化、电力等重化工业为主的临港重化工业体系，以资金、技术密集型的临港工业将取代传统劳动密集型的临港工业。

宁波临港重化工业发展注重重工业的主导地位。上述已足够说明这点。宁波在发展临港工业时，综合自身的产业基础、海洋资源和区位优势等多方面因素，将石化、钢铁、汽车、修造船作为其临港重化工业发展的主导产业，着力打造这些临港重化产业基地，同时积极培育新的产业集群，延长其产业链，目的是强化临港重化工业与区域内制造业的联动发展，进而提高宁波整体的产业竞争优势。另外，宁波临港重化工业布局合理，五大港区功能定位明确，产业集聚作用显著。例如，北仑港区是浙江省外向型区域最为活跃的临港工业区，属于国家政策导向型，其主要以集装箱、金属矿山、煤炭、原油为主；填海港区国有投资色彩浓厚，以煤炭和液化产品为主。独特的临港重化工业发展模式、天然的深水良港以及得天独厚的区位优势，吸引了大批国际知名企业的进驻。

10.1.3　国内外临港重化工业发展模式对广东的启示

综合比较国内外临港重化工业发展模式，日本、新加坡等地区的临港重化工业发展模式相对成熟，形成较为完善的临港重化工业发展体系，充分发挥港口优势推动经济的跳跃式发展，强化港口与区域经济的联动发展，实现临港重化工业与周边港口城市的和谐发展；与国外相比，我国的临港重化工业发展相对滞后，处于探索阶段，临港重化工业体系、规划布局不够不健全和合理，与之配套的一系列产业有待进一步的加强。广东临港重化工业正蓄意待发，广州港、湛江港、深圳港、珠海港等优良港口正处于蓬勃发展阶段。借鉴国内外临港重化工业发展模式，对广东省该类工业的发展具有很好的启示作用。主要体现在以下几点：

（1）制定科学、合理的临港重化工业空间布局体系

依据广东省初步形成的港口布局体系，针对不同港区的产业基础、资源要素、区位优势等因素，确定各自临港重化工业的主导产业，并形成相应的临港重化工业基地。具体来说，以湛江港为首的粤西港口群，要充分发挥其沿海岸线和深水良港等资源优势，大力发展石化、钢铁、电力、造船等四大产业的临港重化工业，以此来打造世界级石化基地和现代化钢铁基地等具有世界影响力的临港重化工业基地，初步形成以石化、钢铁、电力、造船、造纸等为主体的临港重化工业体系；以汕头港为首的粤东港口群，主要承担承接珠三角地区和国内外产业转移的重任，以港口为基础，大力培育临港工业和港口物流业，建立以能源、石化、装备制造、电子信息等为主的重轻混合工业基地，延伸产业链，逐渐形成一批具有示范效应较强、辐射带动能力较大特征的临港重化工业基地、制造业基地、电子信息基地、航空物流基地等。

(2) 产业集群（集聚作用）助推临港重化工业发展

对于临港重化工业来说，产业集群是其发展和增强核心竞争力的助推器。产业集群最显著的特征是规模效应，对现有的港口企业进行资源整合，建立不同类型的工业园区，形成独特的产业集群，以产业集团的形式最大限度的发挥规模效应来聚集资金、人才、科技等资源要素，增强其综合竞争力推动该产业的发展。另外，也可借鉴日本、新加坡、上海等国内外经验，吸引大批国内知名企业和跨国企业的进驻，选择优势产业和支柱产业作为重点发展对象，注重挖掘和培育新的产业集群，强化园区的产业集聚作用，形成多元化、宽领域、高层次的临港产业开发模式，延伸产业链，完善临港重化工业体系，使临港重化工业成为区域经济乃至国民经济新的增长极，从而实现传统的劳动密集型的临港工业向知识、资金、技术密集型的临港工业转变。

(3) 政府引导是推动临港重化工业发展的关键

鉴于目前广东省临港重化工业发展相对滞后的现状，政府的积极引导以及制定相关政策为临港重化工业发展创造良好的政策环境就显得尤为重要。目前，广东省和地方政府高度重视临港重化工业的发展，在省、市、地方制定的经济发展规划中都将其纳入重点建设范畴。例如，《广东海洋经济综合试验区发展规划》中指出："统筹规划、合理布局、集约发展高端临海产业，提高对海洋经济综合试验区发展的支持保障能力"；《粤西地区经济社会发展规划纲要》（2008—2015）中，指出粤西的战略定位是全国重化工业基地，并在"建设现代产业体系"专章中就"大力发展临港重化工业"进行概述；《湛江市海洋经济发展"十二五"规划》中，从临港仓储与物流业、临港工业、港口服务业三个层面深入剖析湛江市临港重化工业发展路径。可见，临港重化工业已成为海洋经济发展的助推器。

10.2 港口物流业发展研究

随着全球化的加剧，加速了生产、资本、技术、人才等资源要素在世界各地的流动，从而促进了国际贸易的发展。港口作为国际物流产业链中非常重要的节点，依托港口发展起来的港口物流业对于区域经济发展尤其是临港产业经济和外向型经济发展中起着非常重要的作用。为此，学习和借鉴国内外港口物流业先进经验，对于广东省发展港口物流业具有重要的启示作用。

10.2.1　国外港口物流业发展模式

(1) 鹿特丹

鹿特丹港地处于荷兰西南沿海马斯河和莱茵河交汇的入海口处，毗邻于世界上最为繁忙海上运输线，即大西洋与莱茵河交接口的海多佛尔海峡，是兼海、陆、空三位一体的国际交通运输枢纽，也是欧洲最大的集装箱港口，更是世界上货物吞吐量最大的港口。鹿特丹是荷兰最大的工业城市，工业气息浓厚，是典型的"城以港兴、港为城用"港口发展模式，被公认为新亚欧大陆桥的西端桥头堡，是"欧洲门户"的代名词。

鹿特丹港口物流发展模式是地主型物流中心模式的典型代表，适用这种模式的港口城市一般都具有一定规模的国际航运市场、发达的交通运输网络体系、强大的经济腹地和金融中心或贸易中心等特征，其发展的高度、广度、深度在很大程度上取决于运输之外的外延发展程度。这种模式的运作方式强调港口管理局的主导作用，其拥有的经营管理自主权和土地使用权对港口区域内的码头设施、临港工业的用地范围进行统一分配、配置。一般情况下，对于在部分仓库和堆场基础上建立起的公共型港口物流中心，港口管理局本身并不直接涉及其经营管理活动，只是履行管理和提供基础设施及配套服务的职能。当物流中心建成后，港口管理局将扮演"星探"的角色，专门吸纳业务能力强和信誉程度较高的物流企业加入，使其原材料采购、配送等职能由物流中心统一负责，引导其参与供应链的管理。这种通过内部共同规划所形成高度整合的供应链关系，即"大物流"方式，将增强港口对周边城市乃至整个区域经济的辐射能力，推动其区域经济和临港工业的快速发展。目前，世界上许多著名的港口也采用这种模式，如新泽西港（美）、汉堡港（德）、马赛港（法）等。

(2) 安特卫普

安特卫普港位于斯海尔德河下游，其港口实力位居欧洲第二、世纪第四，是比利时最大的港口，同时也是比利时非常重要的工业中心和贸易中心。安特卫普港口物流发展模式属于多方合资共同经营港口物流中心模式，即共同出资型物流中心。

安特卫普的共同出资型物流中心，以港口为依托，联合多家海、陆、空物流企业以股份制形式形成强大的物流集团，将原材料采购、装卸、仓储、运输、配送等物流产业各环节实施统一管理，形成"一条龙"的综合性服务。这种运作方式，极大的整合和优化港口物流企业资源要素，强强联合，不仅拓宽了资金渠道，而且能够跟踪和把握国际物流业的最新动向、先进的经营模式和管理方法，为发展本国港口现代物流业务奠定基础。其港口物流发展模式具有三个特点：

第一，注重基础设施建设。根据不同类型的货物，设立专业码头并进行分类，同时还备有各式仓库和专用设备，建立以石化、钢铁等为主体的临港工业园区；为满足货物装卸需求和避免出现用地紧张的局面，有计划地实施圈地和"左岸"扩建方案；为及时了解港口物流业务的最新动态，拥有现代化的电子信息服务系统，如信息控制系统和电子数据信息交换系统，这些电子信息服务系统并不是孤立存在，大多与海关、铁路公司使用的电子数据交换网向连接，为企业提供了网络化的数据共享平台。

第二，投资主体多元化。共同出资型物流中心模式本质上反映了投资主体的多元化。在港口物流中心建设过程中，投资主体分工明确，基础设施以及配套服务主要由港口管理局投资建设，物流业务开展、土地开发则由私营企业经营或第三方企业投资。这点类似于鹿特丹模式相近。

第三，发达的交通运输网络。在港口区域内，主要以公路、铁路构成错综复杂的交通运输体系，安特卫普港汇集着 12 条国际铁路线和直通欧洲的密集高速公路网；在港口区域外，目前已与 100 多个国家和地区建立贸易合作伙伴关系，开通了 300 多条海上航线可到达全球范围内的 800 多个港口，并与公路、铁路相衔接，形成发达的、多维度的交通运输网络。

10.2.2 国内港口物流业发展模式

香港作为世界著名的国际物流中心，拥有四通八达的国际交通运输网络，形成以连接欧、美、非三大洲以及东南亚地区为主干线的网络体系，港口物流服务业十分发达，是全球物流业中供应链环节上的重要枢纽港口，成为全球最为繁忙和运输效率最高的国际集装箱港口之一。其港口物流业发展模式是我国港口物流业的典型代表。因此，笔者主要介绍香港的港口物流发展模式。

（1）港口概述

香港港港湾深阔，岸线资源丰富，岛屿诸多，是世界上著名的三大深水良港之一。香港港东濒太平洋、西通印度洋、南毗邻东南亚、北连中国大陆，地理位置十分优越，加之为东、西半球及南北的临界点，战略地位更加凸显。优越的区位条件和地缘关系，使得香港港不仅是美洲国家与东南亚地区之间重要的中转站，也是南亚与东南亚以及非洲与欧洲国家贸易往来的重要商埠，更是日本、欧美、东南亚等国家地区经贸进入中国重要门户。因此，香港也是中国外贸发展的重要枢纽。

（2）模式经验

香港港口物流发展模式属于独立型物流中心，即是企业自行筹资建立的专业化的港口物流中心，利用港口基础设施及附属服务、上下游业务关系、人力、资本等资源要素开展活动。该模式与鹿特丹、安特卫普发展模式有所区别，政府持"放任"态度，物流中心的发展程度取决于物流企业。其港口物流业发展模式经验，简要的概括为以下几点：

第一，政府为港口物流业发展创造良好的政策环境。为促进香港港口物流业发展，打造国际知名运输及港口物流枢纽中心，专门成立了两个新的政府机构，负责香港港口物流业发展。一是物流发展监导委员会，主要负责提供政策导向；二是香港物流发展局，主要负责监督监导委员会制定的政策和具体方案的执行。这两个机构之间是相互支援、共同发展的关系。另外，鉴于港口设施与物流发展的亲密关系，香港港口及航运局曾提出建立"增值物流园"的构想，提供与港口物流相关的服务质量和多种增值服务。此外，政府增强口岸通关能力，海关等部门利用电子清关系统减少货物清关时间及改善出入境手续办理程序。除此之外，还提供优质的金融、保险服务等配套设施。这些举措为香港港口物流业发展创造了良好的政策环境。

第二，完善港口基础设施为港口物流业发展提供坚实的基础条件。海路方面，香港国际机场的海运货物码头利用内河商船，将珠江三角洲和香港国际机场联系起来，为运送空运货物提供了便捷的航运路线；铁路方面，九铁公司可为港口提供直接的铁路线路；陆路方面，规划中的珠海澳大桥和"深圳西部走廊"的边境通道以及连接集装箱码头的快速干线。这些基础设施的建设，密切了香港与珠三角地区、广东等地的经贸联系，拓展了其经济腹地，充分发挥了其作为全球供应链的角色。

第三，注重人才培养为港口物流业发展提供智力支持。物流企业与大学和教育机构合作，物流企业为大学、教育机构提供实践场所，大学、教育机构为物流企业培养一流的、专业的、高素质的港口物流管理人才培养专门人，成为企业的人才储备库。另外，政府提供的持续进修资金已为进修 130 门不同物流课程的在职人员提供资助，同时为提高人才素质，物流专业协会引进了国际认可的物流从业人员专业资格评审机制。

10.2.3 国内外港口物流业发展模式对广东省的启示

综合国内外港口物流发展模式，对广东省发展物流业的启示有三点。

（1）充分发挥政府的宏观指导作用

纵观国外港口物流成长足迹，无一不是以政府的宏观规划和提供相关的政策支持与服务为基石，就连号称"自由港"的香港，也设立专门的管理机构，谋划香港的发展。因此，充分发挥政府的调控作用对于广东省港口现代物流业发展至关重要。鉴于此，政府主要扮演好两个角色：一是港口发展的规划者。政府要对港口用地、临港产业布局、配套设施、物流产业链等各方面进行科学合理的规划，具体到某一港口，要综合考虑业务基础、区位优势、腹地经济对其发展现代物流业的影响，准确定位、区别对待，形成各具特色的港口现代物流业带，进而提升整个行业的发展水平，推动区域经济的不断前进。二是人才的培养者和引进者。世界各港口物流产业的竞争，说到底是物流专业技术人才的竞争人才。港口物流专业技术人才的严重匮乏已成为制约广东省港口现代物流业前进的主要瓶颈，对物流产业重要性缺乏正确认识已成为广东省港口现代物流业进一步发展的重要瓶颈。因此，对于物流专业技术人才的培养和引进是当前继续解决的。对于此类"产品"的需求，主要依靠政府出台相关政策和提供必要的财政支持来主导和实施人才培养和引进计划。

（2）建立区域性物流体系中心

区域性物流体系中心的建立，是我实现该产业全方位、一体化发展的最好方式。要想实现我省港口物流业全方位发展，需要借助区域性物流体系中心这一平台，在提供一般的仓储、装卸等服务的基础上提供必要的增值服务，其中包括电子商务服务、货物处理服务、物流保险、物流金融等创新型的增值服务，同时提供餐饮休闲娱乐、物流运输最佳路径方案等服务，逐渐完善港口物流服务体系。在一体化方面，国外以兴建物流园区的形式，对到港货物提供一条龙服务。我们则以区域性物流体系中心为载体，整合港区内部优势资源，对运输链的各环节进行统一规划管理，为客户提供"一条龙"服务。另外，港口物流发展必然以港口、临港工业、腹地等发展为依托。为此，我们可以在香港附近建立与之相配套的港口园区，整合来自各个环节的优势资源，同时走区港联动模式，将以享受关税和优惠待遇为特征的自由贸易区或保税区的发展和港口物流结合起来，让各方能够同步发展、相互促进、紧密配合、彼此依存，成为一个共同体，实现共同发展。

（3）建立立体化的交通运输网络体系

世界著名的国际性港口最显著的特征就是拥有发达的、立体化的海陆空交通运输网络体系。鹿特丹十分重视集疏运体系的建设，包括其服务腹地和港口本身内部两套运输体系，它们共同服务于港口现代物流业发展。目前，港口以形成铁路、航空、海运、内河、公路以及管道等一体化的集疏运体系。在经济全球化的时代背景下，要使我省港口物流业向现代物流发展趋势靠拢，必须充分发挥以港口为中心的综合运输纽带的作用，即具备完善的铁路、航空、海运、内河、公路以及管道等运输网络，同时采用多式联运模式来构建立体化的交通运输网络。

10.3　现代渔业发展研究

面对渔业资源严重衰竭、水域生态环境严重恶化、远洋渔业发展受限，加之渔业基础设施和技术装备落后等发展困境，大力发展现代渔业产业成为广东省攻克渔业发展瓶颈的关键所在，同时也是广东省科学开发与利用海洋资源、实现海洋经济可持续发展的必然选择。鉴于此，我们有必要充分认识我省现代渔业发展现状，并借鉴沿海省市发展现代渔业的经验模式，以期对广东省发展现代渔业有所启示。

10.3.1　广东现代渔业发展现状

目前，广东省正处于"渔业大省"向"渔业强省"转变的关键时期，为贯彻落实新时期党提出的走中国特色农业现代化道路的要求，立足于广东省渔业实际，积极探索契合广东省经济发展的现代渔业发展模式，取得一些成就。

(1) 政策法律体系逐渐完善

任何产业的发展的都离不开国家政府政策的大力支持和法律法规的保驾护航,现代渔业也不例外。在推进广东省渔业生产现代化进程中,注重渔业发展与环境保护相协调,将科学发展观落到实处;由于渔民转产转业的实施,导致部分渔民"失业",渔民失去主要的收入来源,基本生活难以保障,渔民群体因此成为政府关注的对象,体现了政府把"三渔"发展纳入可持续发展轨道;随着"渔业三大安全"的提出,"水产品质量安全"逐渐成为全社会的主流消费意识,引起了政府的高度重视。鉴于上述主要问题,笔者根据现有文献整理广东省出台的相关政策法规。可见,广东省现代渔业发展的过程也是政策法律体系逐渐完善的过程。

表 10-1 广东发展现代渔业现行的政策法规

类别	名称	内容
渔业资源管理和环境保护方面	《广东省渔业管理条例》	该条例的出台为我省渔业可持续发展提供了政策保障;标志着我省渔业资源管理进入法制化阶段;确立了水产养殖证制度
	《广东省人工鱼礁管理规定》	目前,已建成人工鱼礁区 33 座,正在建的 7 座,总面积达 283 平方公里;已建成 15 个水产种质资源保护区
	《广东省南海海洋伏季修渔制度》	每年 5 月 16 日至 8 月 1 日在广东省海域实施海洋伏季休渔制度;每年 4 月 1 日至 6 月 1 日在珠江流域实施禁渔制度,并在部分地区(如深圳)划定禁渔区
转产转业与渔民补助方面	《渔民转产转业议案》	有效保护近海渔业资源,控制了近海捕捞强度
	《广东省休(禁)渔补助实施方案》	该方案自实施以来,财政局每年划拨经费用于渔民生活补助,使得渔民生活得到保障
水产品质量安全管理方面	《广东省水产品质量安全管理条例》	已进入立法启动阶段;该条例实施后,将进一步明确水产品质量安全监管职责,弥补对水产品运输环节监管规定的空白等
	《广东省水产品质量安全抽检结果公示办法》	该公示办法是推行水产品质量安全管理的有效手段,有助于规范养殖生产环节安全用药,强化企业产品质量安全意识,对广东省全面实施"放心鱼工程"具有重大的意义

（续）

类别	名称	内容
水产品质量安全管理方面	《广东省水产品标识管理实施细则》	该文件是我首部针对水产品标识管理的规章，具有很好的范式作用。对于完善水产品追溯制度，提高其安全水平，维护生产者、经营者和广大消费者的合法权益具有举足轻重的作用

（2）深蓝渔业稳中求进

为加快渔业产业转型升级，着力发展深蓝渔业。其在发展远洋渔业和南沙远洋渔业稳中求进。

第一，远洋渔业。目前，广东省已有 21 家远洋渔业企业，200 艘远洋渔船，作业区域由最初的几个近海国家发展到东南亚、西南太平洋、南太平洋等 13 个国家地区的专属经济区以及印度洋公海海域。为推进远洋渔业发展，广东省开展渔船更新改造升级工作，积极引导海外渔船进行钢质化改造，为增强渔船技术装备筹资新建 600 多艘大型钢质渔船，设计五种型号不同的标准捕捞船型并向社会推广。同时，积极引导远洋渔业企业紧跟国际远洋渔业发展步伐和国内外市场需求，以鱿鱼钓为依托，开拓以公海为主的新的作用区域，从而填补广东省公海鱿鱼钓作业的空白。除此之外，政府还积极寻求与海外企业合作，共同开发远洋渔业资源，如新开发的所罗门、库克等渔业合作项目。可见，广东省远洋渔业产业规模不断壮大、渔船技术装备不断增强、企业综合实力不断提高。

第二，南沙远洋渔业。为积极响应国家"开发南沙，渔业先行"的战略部署，广东省积极组织渔船前往南沙海域开展生产、捕捞活动，同时建设养殖、捕捞生产基地，并配备补给运输船。另外，将全部扑南沙生产渔船改造为钢质渔船，以此来全面提升南沙渔业装备水平和抵御台风等自然灾害的能力。为此，综合开发利用南沙渔业资源迈出了坚实步伐。近两年来，广东省已有 52 艘赴南沙生产渔船，创造了近亿元的捕捞产值，还组织更新建造首批 41 艘南沙生产骨干渔船。可见，发展深蓝渔业是调整广东省海洋捕捞产业结构的有效手段，南沙渔业呈现出快速发展的良好的局面。

第三，实施"科技兴渔"政策成效显著。渔业在产业发展过程中急需解决的重大关键技术问题是制约广东省迈向现代渔业步伐的重要瓶颈，全面实施"科技兴渔"政策已成为破解我省现代渔业发展困局的有效途径。

据此，广东省重点围绕主导品种组织开展重大科技联合攻关，突破了影响现代渔业发展的关键技术难题，形成了一批具有自主知识产权的渔业科技创新成果，尤其是水产品技术攻关和技术推广成果显著。

海水种苗繁育与养殖技术方面，对虾、石斑鱼、军曹鱼等大宗品种的海水种苗繁育技术、无公害水产养殖环境综合调控技术以及将生物技术运用于抗病对虾品种研究等诸多种苗繁育与养殖技术均走在全国前列，兼顾生态环境与海洋经济协调发展；良种选育方面，广东省已建成 56 个省级以上的水产良种培育场所，实现对虾、贝类、藻类等优良新品种的产业化养殖，为加快广东省良种体系的建设，专门设有水产良种体系专项基金，形成国家级遗传育种中心—国家级良种场—省级良种场—繁育场—鱼种场种苗生产体系；深水网箱方面，深水抗风浪网箱技术装备和研发水平处于全国领先位置，已在湛江、珠海、饶平等沿海区域建立起深水网箱养殖示范基地和产业园区，不仅促进了深水抗风浪网箱的国产化和规模化，而且还推动了产业深水网箱养殖的产业化、规范化和集群化，使广东省由传统的渔业生产方式向渔业机械化方式转变。

第四，水产品质量安全管理与"平安渔业"建设颇有建树。水产品质量安全管理。专项整治方面，除表 10－1 中的政策法律外，还专门成立了相关的监管部门、监管科和监管站等机构，培养一批渔业执法骨干人员，开展以提高生产者法律意识、食品安全意识的宣传教育和技术推广工作，在全社会推行"无公害食品行动"计划；财政方面，2013 年政府启动了水产品质量安全监管专项资金，用于渔业产品质量安全监管；养殖培养方面，从早期的海水种苗到养殖生产的整个培养环节，都受到有关部门的严格检查，尤其是在养殖过程中的药物和饲料投放方面，从源头上有效遏制了违禁药物在生产、流通等环节的滥用；合格率检测方面，药物残留和重金属超标是 7 个评价指标中最核心的两个指标。

"平安渔业"建设。渔业标准化生产方面，制定了涵盖生产、流通、加工、质量、检验检测等环节的 245 项地方标准，建有 1 064 个认定无公害的水产品产业基地、837 个公认无公害水产品、302 个省级水产品质量示范点、116 个部级水产健康养殖示范场，103 个水产品荣获国家级或省级农业名牌产品称号；渔船安全监管方面，建成了渔业安全生产通信指挥系统，完成了渔船管理系统升级和 29 个渔港的视频监控系统建设，在2013 年开展的安全专项整治工作对全省的 135 个渔港看展封港查船行动，发现并及时消除了存在安全隐患的渔船 9 617 艘。

10.3.2 沿海省份发展现代渔业发展经验

(1) 山东

第一，注重政策法律体系的建设。

早在 1987 年，山东省就出台实施了《山东省实施〈中华人民共和国渔业法〉办法》，进入 21 世纪以后，相继出台了涵盖海洋生态、海洋渔业、海洋环境、现代渔业园区等诸多领域的一系列政策法律法规。以现代渔业园区为例，出台了《山东省省级现代渔业园区建设规划（2011—2015年）》《省级现代渔业园区控制性详细规划（单体规划）编制规程》《关于创建省级现代渔业园区的实施意见》《山东省省级现代渔业园区管理暂行办法》等多部政策文件。相关政策法律的出台为山东发展现代渔业提供了良好的政策环境和规范的市场环境。

第二，着重发挥"科技兴渔"政策。

为提高山东省现代渔业的经济效益，同时兼顾社会效益与环境效益，以构建现代渔业园区为依托积极与国内外知名企业、高等院校、科研机构联手打造一批国家级、省级科技创新平台，在渔业良种培育、生态保护与修复、健康高效生态养殖模式等领域取得一批优秀成果，为现代渔业发展提供了强大的科技支撑和技术储备。以开展渔业科技促进年活动的形式，向全省推广主导品种与技术，辐射面积广泛，示范区养殖经济效益显著提高。山东省自主研发具有自主知识产品的封闭循环养殖系统和针对名贵鱼类创建的"海陆接力"养殖模式，极大推进了山东省现代渔业养殖工业化进程。

第三，推进渔业合作社和现代渔业园区的建设。

渔业合作社和现代渔业园区是山东省发展现代渔业两大法宝。渔业合作社率先在莱州市展开试点工作，在立体生态养殖模式、海域使用权流转、物联网建设等领域取得了突破性的进展，实现了经济效益、社会效益、环境效益三者的协调发展。目前，渔业合作社在全省已发展至 1 500多家，入社成员高达 7.3 万户，创造近 300 亿的渔业产值，占全省渔业总产值的 21.1%。现代渔业园区建设是加快渔业转型升级、拓宽渔业发展空间的重要载体。山东省出台了一系列指导现代渔业园区建设的政策和发展规划，并创建单体规划制度，目前已建成 66 家具有规模大、标准高、效益好、示范作用强的现代渔业园区。

（2）福建

第一，主打设施渔业建设。

福建省以发展设施渔业为突破口，转变渔业生产方式，优化渔业产业结构，从而推进现代渔业的快速发展。利用现代农业发展专项基金扶持水产健康养殖示范场、标准化池塘养殖基地、水产品加工基地、水产种苗繁育基地、塑胶鱼排以及抗风浪深水网箱等现代设施渔业建设，形成具有一批规模大、效益好、标准高、设施配套完善的现代化水产养殖、水产良种培养场和水产品加工基地。

第二，加强与台湾渔业交流合作。

福建利用其优越的地缘关系，借势《关于支持福建省加快建设海峡西岸经济区的若干意见》，深化同宝岛台湾渔业交流合作，共同开发台湾海峡渔业资源。其主要举措有：一是以通过建设水产品集散基地的形式吸引大批台商前来投资兴业，一方面弥补了政府发展现代渔业资金不足的现状，另一方面进一步推动了闽台渔业经贸合作的对接。二是构建渔业技术合作交流平台。积极引进台湾在水产养殖、渔用饲料、远洋渔业以及水产病害防治等领域的技术和装备，寻求与台湾知名企业、高等院校以及科研机构开展共性的关键技术研发。三是拓展两岸水产品经贸领域。利用中央政府出台相关的优惠政策扩大与 ECFA 签署协议，扩大对台出口水产品的比重。

第三，大力发展休闲渔业。

休闲渔业是现代渔业与休闲、观光等旅游活动结合的产物，对于调整优化三次产业结构具有重要的作用。着重打造"水乡渔村"休闲渔业品牌，使休闲渔业成为福建旅游业的主导产业。目前，已建成 42 家"水乡渔村"示范点，形成各具特色、形式多样、内涵丰富、品味多元的发展格局。结合"海洋牧场"建设，创新滨海港湾休息渔业、生态型休闲渔业，推动福建休闲渔业的多元化发展。另外，通过举办"中国厦门国际休闲渔业博览会""海峡两岸水乡渔村杯矶钓邀请赛"等形式，为推进海峡两岸休闲渔业联动发展提供平台。

10.3.3 沿海省市现代渔业发展经验对广东省的启示

基于广东省现代渔业发展现状，结合沿海省份现代渔业发展经验，对广东省发展现代渔业具有很好的启示作用。

（1）创建现代渔业示范基地

现代渔业的主要目标是通过创建现代渔业示范基地来实现渔业的规模化生产和集约化经营。为此，在推动现代渔业发展进程中，着重围绕主导产业，打造一批规格高、发展速度快、经济效益好、品牌特色突显的现代渔业示范基地，对于转变渔业生产方式，提升渔业产业生产质量和发展水平，实现渔业资源与经济的可持续发展具有重要的意义。其具体的举措主要有：一是实施渔业"走出去"战略。针对目前广东省远洋渔业发展空间受限，近海渔业资源严重衰退，必然寻求新的发展路径，以解决渔业发展瓶颈，实施渔业"走出去"战略就是这样一种发展路径。二是加强基础设施和技术装备建设。加大财政对现代标准渔港、池塘等基础设施建设的投入力度，创造条件鼓励渔民和社会力量积极投入到这一行列，并充分发挥渔民在建设新渔村和发展现代渔业的主体作用。同时，要加强技术装备的改造升级和配套设施建设，不断提高现代渔业设施装备的现代化水平。三是强化科技支撑作用。渔业科技水平决定现代渔业发展的高度。致力于解决制约渔业发展的技术瓶颈，支持科研机构围绕现代渔业建设的重点领域、关键环节，协同合作，逐个击破，取得一批具有自主创新的科研成果，借助海洋科技创新服务平台，加快科技成果转化，使科技成果转化为实际生产力。

（2）大力发展生态型、科技型、健康型水产养殖业

用"蓝色农业"理念发展生态型、科技型、健康型水产养殖业。一是积极推进渔业资源养护工作。开展水生生物资源增殖流放活动，进一步扩大增殖流放的品种、范围和数量；继续推进海洋牧场、人工渔礁建设，维护水生物种多样性，健全渔业生态补偿机制。二是创建水产健康养殖示范场。规范生产、流通等环节的饲料、药物等养殖投入品的使用，以大宗品种和出口优势品种为主体，重点建设遗传育种中心和原良种场，扩大良种覆盖率和提高水产苗种质量，建立和完善渔业保障体系。三是加强水产品安全质量监管。重点建设水产品无公害生产基地和标准化养殖示范基地建设，强化源头管理；建立水产品质量监测网络，实施"产品准出"和"市场准入"制度，强化水产品生产流程监控；启动水生动物防疫检验站，定期开展药物残留及有毒物质监测，规范养殖户科学用药，强化药残监控和用药管理。四是推广深水网箱养殖。在主要沿海市县组织实施深水网箱养殖试点工作，建设一批高标准、高效益、大规模的深水网箱产业园，推动深水网箱养殖产业化、集群化发展。

第11章 广东打造国家级海洋经济综合试验区的政策建议研究

11.1 加强海洋经济区域合作，推动海洋经济一体化

广东打造国家级海洋经济综合试验区是一项系统而庞大的工程，要实现海洋产业与区域经济的稳定持续健康发展必须加强区域间的协调与合作，创建创新区域经济合作平台，形成互通有无，优势互补的利益共同体和命运共同体，共同推进海洋强国梦。

11.1.1 集合资源携手共同推进基础设施建设一体化

基础设施建设一体化是推进区域经济合作的桥梁和纽带，海洋经济发展及跨区域经济合作都与之密不可分，集合并优化配置基础设施资源，如港口、铁路、公路、航空等，携手共同推进基础设施一体化建设。首先，构建立体化、网络化的交通运输网络。要打破制度瓶颈，加快粤与桂、琼、闽、台和港澳之间在海、陆、空交通运输的建设，创新交通网络运输平台，实现跨区域基础设施的"无缝隙"衔接；加大粤西和粤东地区基础设施投入力度，尤其是在专业化码头、港口以及配套设施方面，借鉴国外海洋发达国家做法，结合本地区海洋产业发展现状，构建海上运输网络，建立与国内沿海地区以及东盟等国家和地区的对外贸易运输体系，实现本地区外向型经济的一体化发展。其次，建立物流交易信息网络体系。一方面，在"数字海洋"建设的基础上，建立统一的、官方的物流交易信息专属网站，以实现区域内物流信息共享；另一方面，涉海企业可依据官方网站信息，建立起行业内部专属信息网络平台，进而提高企业的知名度和影响力，打破信息不对称引起的恶性竞争、各自为战的僵局。最后，统筹区域内机场、港口、高速公路等资源，以资产重组等形式，合理规划布局，形成优势互补，错位竞争的良性发展局面，为海洋经济综合试验区建设提供有力支撑。

11.1.2　加强跨区域的协调与合作，实现海洋经济合作一体化

（1）设立海洋经济综合试验区合作中心

前面提到海洋经济综合实验区是一项系统而庞大的工程，设立专门机构服务于试验区建设及海洋经济合作的相关事宜就显得尤为重要，海洋经济综合试验区合作中心也因此而孕育而生。该机构的主要职能有：组织协调跨区域实施推进海洋经济发展的重大问题，如重大战略资源开发，关键共性技术研发，重大基础设施建设等；结合地方经济发展实际，协助地方制定阶段性的发展战略和规划，实现地方发展规划与国家整体发展规划有机衔接；规范市场，制定涵盖金融、环境保护、科技、人文、经贸等领域的政策措施，并负责监督执行。在机构人员配备方面，坚持公平公正原则，在各部委、科研机构、涉海企业等组织中调取人员组成。机构内部组织设置上，除决策机制、日常工作机制、完整的议事机制外，还应设置具有一定管理、组织、协调等职能的专业委员会和工作领导小组。

（2）建立跨区域合作协调机制

海洋经济综合试验区建设是一项庞大而复杂的海陆联动工程，在推进海洋经济区域合作进程中，涉及区域内和区域外两方面的协调。在试验区外，浙江海洋经济发展示范区、海峡西岸经济区及海南国际旅游岛，海洋经济综合试验区应明确其功能定位，最大限度的发挥跨区域合作协调机制的作用，协调与这些经济区间的关系，形成优势互补，分工明确的海洋经济发展新模式，共建、共享的跨区域经济合作发展新格局；在试验区内，借助法律、行政、市场等手段，利用跨区域合作协调机制，彻底打破行政区域枷锁，将"互联网＋海洋"、"大数据＋海洋"等创新发展新模式融入到不同行政区域间的海洋经济合作，形成合力，最终实现海洋经济一体化、技术、信息的共享，在优化配置和科技利用海洋资源的基础上，提高整个区域海洋产业的综合效益，即经济效益、社会效益和生态效益。

（3）建设和完善跨区域主体合作机制

海洋经济合作涉及不同层次、不同范围、不同领域的主体，而且它们之间的关系错综复杂、瞬息万变，特别是在利益驱使下，这种表现更为突出。因此，利用并发挥好海洋经济综合试验区合作中心这一机构的指导作用，在理顺各类海洋经济主体的利害关系的同时，综合、高效、灵活运用法律、行政、经济等手段，立足于海洋经济主体建立多元化的管理方式，

充分发挥各类海洋经济主体在海洋空间发展布局、海洋产业转型升级、海洋资源开发与保护的作用等方面的作用，促进海洋经济区域合作，实现海洋经济一体化发展。

11.2 构建"蓝色金融"体系

11.2.1 加快推进海洋金融创新

一是创建"蓝色"金融改革创新试点。优先选择金融体系比较完善的市县作为改革创新试点，以"试点"为契机，推进"蓝色"金融改革创新。在试点地区设立专业性金融机构、开放金融市场和创新海洋类金融产品等，逐渐形成具有典型示范作用的示范区。二是探索多元化的海洋经济融资新模式，加快建设海洋产业发展专项基金，鼓励地方金融机构设立具有地方特色的专业性海洋银行，并以此将政策性的融资担保、服务性的海洋产业融资及交易性的海洋产权串联起来，以制度红利推进海洋经济健康、开放、创新发展。三是创新金融产品和服务模式。金融机构要加大试验区内海洋产业的考察力度，基于海洋产业链开发符合区域发展的海洋产品项目的最佳信贷组合，加快开展专利权、联保协议贷款等新业务，鼓励开展非信贷融资模式，为涉海企业提供专业化、多元化、特色化、差别化的金融服务。四是构建海洋投贷联盟。将保险、信托、银行等机构与担保机构、风险投资、股权投资进行捆绑，通过搭建融资平台的方式建立起战略伙伴关系。五是创新抵押质押方式。借鉴山东半岛蓝色经济区关于"海域海岛使用权抵押贷款"的做法，在全省范围内开展海域使用权抵押贷款，以缓解个人和涉海企业的在发展海洋经济中的资金不足、融资难等问题，同时，可适度从政策和多元资本等方面拓宽融资渠道，优化融资环境。

11.2.2 拓宽融资渠道

一是畅通投资渠道，扩大直接投资的规模和比重。重点培养竞争优势明显的海洋龙头产业，对其发行企业债和公司债等债务要提供相应的政策支持。鼓励和引导涉海企业以盘活存量资产，优化增量资产为目的进行股份制改造，并采取发行债券、联合兼并、经营权和资产转移等方式来扩大融资来源。二是大力发展专业性金融机构。可借鉴深圳特区设立深圳开发银行、上海浦东新区成立浦发银行等成功范例,在试验区内组建蓝色银行,为传统优势产业、支柱性产业、新兴产业的进一步发展搭建金融服务平台。三是设立海洋产业投资基金。引入不同层次、不同范围、不同领域的投资者,共同出资,专门用于试验区内高新技术研发、产业工业园区建设、重大海洋战略资源开发等,推进海洋强省建设。四是充分发挥民间资本的作用。在不损害民间资本发展的基础上,积极吸纳民间资本,充分发挥民间资本在重大基础设施建设、重点海洋产业项目的开发与建设、关键技术的引入等领域的作用,以缓解政府和企业在发展海洋经济的资金短缺。

11.2.3　培养和引进高层次蓝色金融人才

随着海洋经济综合试验区建设的不断推进,对高层次人才需要更加迫切,人才短板已成为制约蓝色金融发展的重要因素。为满足试验区对人才的需求,应着力培养具有高层次金融管理人才、专业金融创新团队、高素质金融人才队伍,以弥补金融机构在开发海洋类金融产品,创新涉海金融服务模式,完善海洋产业链金融服务体系,以弥补现代融资工具在海洋产业、海洋高新技术研发、产业园区建设等方面的人才缺口。鼓励科研机构、高校、涉海企业积极参与国际性海洋经济区域合作与交流,以访学、顾问、培训、项目合作等形式,积极引进高层次蓝色金融人才和创新型团队,充分吸取国际先进的管理模式及经验借鉴。此外,还需出台一些优惠政策,如提供住房、现金补贴、子女教育等,留住国内外在我省从事蓝色金融的高层次人才。

11.3　实施科技兴海战略

相比较于传统海洋经济,蓝色经济更加注重发挥科技、人才、教育等资源在海洋经济活动中的支撑引领作用,尤其是在海洋经济竞争激烈的环境中,更加强调海洋科技自主创新能力的重要性,这对于提升我省海洋产业核心竞争力,实现海洋经济的跨越式发展具有中流砥柱的作用。

11.3.1　加强科技创新,推进海洋战略性新兴产业

一是培育高技术涉海企业,并发挥其主体作用。对海洋科技创新技术

的最大需求者不是政府，也不是社会，而是涉海企业，同时，它还是海洋科技创新最有力的推动者。要想满足涉海企业对高新技术的需求，实现企业与高新技术的对接，则充分发挥海洋科技成果转化机构和服务平台催化剂功能，促使涉海企业真正成为高新技术产业的主体；创新产学研合作模式，并将其融入到涉海企业与科研院所的合作新常态中，设立服务于企业的产学研技术创新联盟，协同攻关共性的核心技术难题，加快推进科技成果转化与应用。

二是建立高新技术产业示范基地。集聚科研力量，重点开展在海洋生态环境保护与修复、南海资源开发、重大海洋科研项目等领域的研究并取得重大突破，形成一批具有自主创新的研究成果，通过建立高新技术产业示范基地，发挥其孵化作用，提高广东省自主创新能力，推进海洋战略性新兴产业。

三是完善海洋科技统一管理机制。不同区域内海洋资源的种类和特性在一定程度上影响海洋科技的需求，通过完善海洋科技统一管理机制，优化配置区域内科技资源，明确其功能定位和空间布局，形成优势互补、协同合作、错位发展的新局面。这不仅增强了海洋科技实力，而且还实现区域内资源共享，大大提高了广东省海洋科技的管理效率。

11.3.2　拓展海洋科技创新交流空间

一是有关政府部门要积极与社会科技团体就科技创新等问题开展海洋科技交流合作活动，为涉海机构（部门）与涉海企业搭建科技交流与合作平台，在此基础上，鼓励竞争力较强、信誉好的涉海企业开拓海外市场，在海外设立办事处、研究机构、海洋科技产业基地等，为拓宽海洋科技创新交流空间创造条件。

二是鼓励地方涉海企业、高等院校、科研机构与国内外知名涉海企业、科研机构、高等院校建立长期稳定的合作伙伴关系，并出台一些优惠政策，吸纳海外资金投资地方高技术涉海企业，吸引国内外知名科研机构、涉海企业设立分机构，在国内外引进高层次的创新型、技术型人才，为蓝色经济提供强有力的科技支撑。

三是加强跨区域的交流与合作，充分利用区域间的科技资源，博采众长，联合攻关，共同解决制约海洋经济发展的关键核心问题，从而提高我国整体的海洋科技实力，促使海洋科技转化为海洋强国建设的强大内生动力。

11.3.3 落实"人才强省"战略

一是重点培育海洋科技创新领军人物和科技创新团队。紧紧围绕广东打造国家级海洋经济综合试验区，培育一批具有国际性的学术影响力的领军人物。支持领军人物探索团队合作新机制和新模式，鼓励其以重大科研项目为纽带，组建具有国际竞争力和影响力的科技创新团队，提升广东海洋科技自主创新水平，为新一轮国际海洋经济竞争赢得主动权。

二是扎实建设海洋高新技术人才教育体系。开设与海洋经济发展需求相适应的，与海洋产业、海洋科技密切相关的学科专业；借鉴国际海洋高新技术人才培养模式，建立和逐步完善适于本省海洋高新技术人才培养体系，既要在数量和质量两手抓，也要注重海洋科技人才结构的优化；发挥涉海企业作为高新技术推动者的作用，鼓励有条件的涉海企业定期组织一批高层次的技术人才参与国际性科研项目的研讨与交流，并主动承接部分科研任务，不断提高广东省海洋高新技术人才的国际竞争力和影响力。

三是推进涉海科技企业体制改革。政府出台一些优惠政策给予支持，鼓励和引导涉海科技企业在组织内部建立诸如博士后流动站、科技研发中心、技术合作与交流中心等知识创新机构，加快实现高新技术与企业的对接，使得科技成果转化为具有现实意义的生产力。同时，要加强涉海科技中介组织建设，充分发挥其在信息交流、风险评估、金融服务、政策咨询等方面的功能，服务于涉海科技企业体制改革。

第三篇

广东建设海洋经济强省战略思路研究

党的十八大提出了发展海洋经济的战略决策，提出了海洋强国战略，为海洋经济的发展创造了新的机遇。本部分围绕广东建设海洋经济强省的目标出发，针对广东海洋经济特点，从以下四个方面进行研究：①广东建设海洋经济强省的政策背景和理论支撑研究；②基于产业发展视角的广东建设海洋经济强省的战略思路研究；③广东传统优势海洋产业集群式创新发展的理论与实证研究；④广东海洋战略性新兴产业培育发展的理论与实证研究。

　　研究意义：①结合国内外沿海地区海洋经济发展的成功经验，为广东省传统优势海洋产业和海洋战略性新兴产业发展提供切实可行的发展思路与路径。通过两大类海洋产业的集群式创新发展，带动海洋产业转型升级，打造出具有广东特色的现代海洋产业体系，进而助力广东海洋经济整体的快速前进，最终为实现把广东建设成为海洋经济强省的宏伟目标而做出贡献。②围绕广东省建设海洋经济强省的目标出发，从两大类海洋产业发展的全新视角，提出了两大类海洋产业的发展，带动海洋产业结构进一步优化，海洋区域经济协调发展，海洋经济重点市逐渐形成，全省海洋产业布局合理化，海洋经济对国民经济贡献率显著提高的战略思路。③积极推进广东海洋经济强省建设，推进广东海洋产业及相关产业转型升级，不仅可以培育新的经济增长极，突破关键核心技术，提升海洋产业核心竞争力，真正实现海洋强省、实现海洋经济可持续发展。还可以缓解当前广东省发展中遇到的资源环境约束，拓展新的发展空间，实现广东经济社会又好又快发展。

第12章 广东建设海洋经济强省的政策背景和理论支撑研究

12.1 广东建设海洋经济强省的政策背景研究

广东建设海洋经济强省的政策背景主要包括国家级、省级、地市级三个部分构成。

12.1.1 国家级海洋经济综合试验区建设

2011年7月20日，《广东海洋经济综合试验区发展规划》已获国务院原则同意，至此，包括之前获批的山东半岛蓝色经济区和浙江海洋经济发展示点区，构成了我国"3+N"沿海经济区发展布局。广东海洋经济发展综合试验区与其他两个海洋经济发展示点区综合资源禀赋不同，所以《广东海洋经济综合试验区发展规划》对广东发展海洋经济，建设海洋强省提出特有的发展要求和赋予特色的了发展优先权。

《规划》为广东与国内外发展海洋经济的地区开展合作给予先行先试权。首先，明确要求广东创新合作方式，构建海洋综合开发新格局，积极探索海洋经济科学发展的体制机制。广东海洋经济区将以珠三角海洋经济区为支撑，加强与港澳海洋产业合作，构建粤港澳海洋经济合作圈；以粤东海洋经济区为支撑，对接海峡西岸经济区，构建粤闽海洋经济合作圈；以粤西海洋经济区为支撑，对接北部湾经济区、海南国际旅游岛，构建粤桂琼海洋经济合作圈；其次，前瞻性地赋予广东与东盟开展合作的先行先试权，随着国家"一带一路"战略的提出，广东可以在发展海洋经济，参与建设21世纪海上丝绸之路方面更有大作为。

同时，《规划》还为广东省内区域海洋经济协调发展提供指导和要求。《规划》的主体区范围涵盖了广东省全部海域和广州、深圳、珠海、汕头、惠州、汕尾、东莞、中山、江门、阳江、湛江、茂名、潮州、揭阳14个市，旨在提升优化珠三角海洋经济区的核心作用，发展壮大粤东海洋经济区、粤西海洋经济区两个增长极，《规划》还将珠江三角洲地区的佛山、肇庆及环珠三角地区的粤北等相邻地区作为联动区，最终形成"一核、两极、三圈、四带"的空间布局。

最后，《规划》还规定了广东省海洋经济发展的阶段目标和海洋产业发展结构。到 2015 年，广东海洋生产总值达 1.5 万亿元，占广东 GDP 总量的近 1/4，基本建成海洋经济强省；到 2020 年，广东实现建设海洋经济强省的战略目标。在海洋产业方面，广东要提升传统海洋产业、振兴现代海洋产业、壮大新兴产业。

总言之，《规划》是推动广东经济社会发展的一个国家层面的规划，为广东加快探索海洋开发新途径，创新海洋综合管理新模式，加快海洋经济发展，建设海洋经济强省创造了新的重大机遇。

12.1.2　广东海洋经济发展规划

2012 年，《广东海洋经济发展"十二五"规划》为广东加速海洋经济发展，打造海洋经济强省，建设海洋经济综合试验区指引了方向。

第一，广东要进一步优化海洋经济空间布局。以"集约布局、集群发展、海陆联动、生态优先"的要求，构建"一核二极三带"的新格局，即以珠三角为海洋经济优化发展区，以粤东、粤西两极为海洋经济重点发展区，以临海产业带、滨海城镇带和蓝色景观带为三带构成生产、生活和生态三位一体的广东沿海经济带。

第二，广东要构建现代海洋产业体系。大力提升传统优势海洋产业，着力培育海洋战略性新兴产业，集约发展高端临海产业，走集聚化、园区化、融合化、生态化道路，形成广东具有国际竞争力的现代海洋产业体系。

第三，广东要提升海洋科技和教育的支撑能力。在今后的海洋经济发展过程中，重点以科技和教育作为支撑点，大力发展海洋科技和教育，形成海洋科技和教育资源的优势，继而整合海洋科技和教育这两大资源优势，推动广东科技体制创新、自主创新能力提升和科技创新人才培育，最终将科技成果高速转化成生产力，推进广东海洋经济更好更快发展。

第四，广东要有序推进海岛保护与开发。海岛的保护与开发要坚持"科学规划、保护优先、合理开发、永续利用"的原则，在政府主导下，因地制宜、一岛一策，制定海岛保护与开发的地方性法律法规，完善海岛保护与开发利用规划，建立海岛开发的综合管理机制。优化开发有居民海岛,选择开发无居民海岛,严格保护特殊用途海岛。重点推进五大岛群的保护与开发。在开发的过程中,发挥市场经济调配资源的优势,促进开发主体多元化、模式灵活化、效益综合化,综合政府主导下,实现海岛管理规范化,加强对海岛资源、海岛环境、海岛生态的保护,科学建立海岛及周边海域生态系统的动态监控网络,并有效开展定期的海岛生态评估,走可持续发展之路。

第五,广东要推动海洋经济区域合作。以优越的地理位置为基础,展开与周边的港澳台、闽桂琼地区的海洋经济合作,充分发挥各自海洋资源优势,打造优势互补、互利共赢的合作局面,有力拓展广东海洋经济发展空间,不断增强广东海洋经济的辐射带动能力。

第六,广东要加强海洋生态修复与资源保护。海洋资源很多时候是不可再生资源,但 21 世纪是海洋的世纪,是广东充分利用自身优势加速发展的机遇,所以在开发海洋资源的时候,预先就要坚持开发与保护并重,非常情况下要坚持污染防治与生态修复并举,最后要坚持陆海同防同治,着力海洋与海岸带生态系统的保护与建设,将海洋经济发展规模、发展速度与海洋资源环境承载力挂钩,走可持续发展道路,营造人海和谐的发展局面。

第七,广东要出台海洋经济发展的保障措施。在开发利用海洋资源,发展海洋经济的过程中,为实现和谐发展,有必要出台相应配套措施,主要涉及以下几个方面:创新海洋管理体制机制;优化资源配置机制;拓宽海洋经济发展投融资渠道;完善海洋经济发展支撑体系;提高海洋开发综合管理能力;培养高素质的海洋人才队伍。

12.1.3 珠江三角洲地区改革发展规划

珠江三角洲地区历来是我国改革开发的先行区,具有方向标的举足轻重的地位。当前,国内外经济形势发展重大变化,而珠三角自身的发展也面临着经济结构转型和发展方式转变的两大难题,在这种内外变化深刻的形势下,珠三角如何突破发展瓶颈,成功实现转型,继续发展对周边乃至全国的辐射带动作用和先行示范作用,成为当前急需解决的大事件、大问题。在这样的背景下,珠江三角洲地区改革发展规划纲要诞生。

此次规划范围包括广东多个市区,广州、深圳、珠海、佛山、江门、东莞、中山、惠州和肇庆市为主体,如此辐射整个珠江三角洲地区,并与港澳展开合作。

《珠江三角洲地区改革发展规划纲要》中目标明确提到，到2020年率先基本实现现代化，形成粤港澳三地分工合作、优势互补、全球最具核心竞争力的大都市圈之一。需要从以下几个方面着手：①建立结构高级化、发展集聚化、竞争力高端化的现代产业体系。这一目标涵盖信息化与工业化的融合发展，现代农业的发展，先进服务业和制造业的发展以及高技术产业的发展。②提升自主创新能力。一方面要建立和完善自主创新的体制机制，另一方面要完善创新政策环境，两方面密切配合，形成以企业为主体，市场为导向，产学研相结合的开放型区域创新体系，争先建成国家创新型区域，争当亚太地区较为重要的创新中心以及成果转化基地，增强国际竞争力。③推进基础设施现代化。在全国转向内需拉动经济发展的背景下，加快速度完善交通、水利、能源以及信息基础设施的建设，统筹规划，合理布局，打造区域基础设施的一体化发展，遵循适度超前、安全可靠的原则，提高保障水平，推进基础设施的现代化水平和步伐。④统筹城乡发展。按照城乡规划、产业布局、基础设施和公共服务四个方面的一体化总体要求，大力加快社会主义新农村建设，同时也不断完善和提升城市功能，争取在城乡一体化建设的过程中走在全国前列。⑤促进区域协调发展。按照主体功能区定位，将广州、深圳作为中心，以珠江口的东、西两岸为重点，优化珠三角的区域空间布局，推动该地区的资源要素优化配置的区域经济一体化进程，充分发挥地区优势，辐射环珠江三角洲地区的经济发展。⑥加强资源节约和环境保护。实行严格的耕地保护制度，节约用地，结余用水，加强环境保护意识，建立生态监测和修复机制，走区域可持续发展道路，建立资源节约型社会、环境友好型社会。⑦加快社会事业发展。以改善民生为重点，切实提高各项保障力度，建设人民幸福、社会和谐的社会。⑧再创体制机制新优势。珠江三角洲地区一直全国改革开放的先行区，未来发展过程中，仍然要保持这种经济特区的"试验田"、示范区的优势，加快行政管理体制、经济体制和社会管理体制的改革，健全民主法制，力保在重要领域和关键环节的先行先试权，率先建立和完善社会主义市场经济体制。⑨构建改革开放合作新格局。在全国积极建设"一带一路"大背景下，珠三角要进一步发挥"窗口"作用，加强与港澳、泛珠三角区域的合作，参与中国—东盟的合作，推进对内外开放程度，全面增强与世界主要经济体的经贸往来，参与国际分工，率先建立全方位、多层次、宽领域、高水平的开放型经济新格局。

12.2　广东建设海洋经济强省的理论支撑研究

产业经济学、产业集群论、区域经济学、空间经济学等理论支撑的简要分析。并引申出两大类海洋产业。

12.2.1　产业经济学

产业经济学，是应用经济学领域的重要分支，探讨产业间的关系结构、产业内企业组织结构变化的规律、产业本身的发展规律、产业在空间区域中的分布规律、经济发展中内在的各种均衡问题。主要包括产业结构、产业组织、产业发展、产业布局和产业政策、五力模型等。通过研究为国家制定国民经济发展战略，为制定的产业政策提供经济理论依据。

其中，产业组织理论主要解决了"马歇尔冲突"的难题，即产业内企业的规模经济效应与企业之间的竞争活力的冲突。传统产业组织理论体系是由张伯伦、梅森、贝恩、谢勒等建立，就是著名的市场结构、市场行为和市场绩效理论范式（又称 SCP 模式），该模式成为产业组织理论体系的基础，之后各派产业组织理论均建立在对 SCP 模式或继承或批判基础上的进行发展的。

此外，产业经济学还包括了著名的产业布局理论，主要研究产业布局的影响因素、产业布局与经济发展的关系、产业布局的基本原则、产业布局的基本原理、产业布局的一般规律、产业布局的指向性以及产业布局政策等。这一理论的表明，产业布局是一国或地区经济发展规划的基础条件，构成了其经济发展的重要组成部分，是实现国民经济稳定持续发展的先决条件。

12.2.2　产业集群论

产业集群，指的是集中于一定区域内特定产业的众多具有分工合作关系的不同规模等级的企业及与其发展有关的各种机构、组织等行为主体，通过纵横交错的网络关系紧密联系在一起的空间积聚体，是介于市场和等级制之间的一种新的空间经济组织形式。

值得注意的是，产业集群不是众多企业的简单随意的堆积，它强调的是企业与企业之间的有机联系，这是产业集群产生和发展的关键。总体上，产业集群一般具有以下特征：①特定区域空间上的集聚。产业集群首先是在一定区域内的发生的经济活动的空间聚集现象，这种地理位置上的毗邻可以节约运输成本，促进企业之间的直接性交流、竞争和信息的及时传递。②生产专门的产品。通过产业集群聚集在一起的企业地方优势明显且一定生产具体的产品，并形成规模化的产业形势。③企业间分工。产业集群内的单个企业内部一体化程度较低，大量企业只是生产链上的一个环节。④产业链的相对完整性。产业集群涵盖某一产业投入、产出、流通等各个衔接的环节上所有相关行为主体都完备的经济组织系统，这些行为主体都处于相同或是相近的产业链上，彼此存在向前或向后的产业联系。⑤企业间存在存在复杂的网络关系。企业数量足够多，存在竞争与合作。这些集群区域范围内的企业间、人与人间通过正式、非正式的沟通，进行频繁的互动，共享知识和创新，编织成复杂稠密的社会关系网。产业集群内部同时存在政府和市场两种功能，又融汇了技术创新和组织设计元素，其在竞争力、影响力和整合力层面的作用超过政府和市场。

从产业集群的内涵和特征来看，产业集群提供了一种国家和区域经济发展的新概念、新视角，这对企业、机构和政府的角色定位有了新的诠释，对政企关系、企业与其他机构关系的构建提供一种良好的思考。因为产业集群的内涵和特征诠释了竞争的本质，这其中就要求政府要更专注消除阻碍生产力提高的障碍，而集群内的企业打破隔离状态，那些存在竞争和合作关系的企业、机构突破了个体和单一产业限制，从集群所在的区域整体出发，产生联动互动，从区域角度出发，思考整体经济、社会的协调发展，重新建立竞争合作关系，更加顺利的通过竞争推动集群产业的效率和创新，达到推动市场经济发展，繁荣区域经济的目标。

12.2.3　区域经济学

区域经济学是一门建立在 20 世纪 50 年代宏观区位论基础上发展起来的学科。区域经济构是国家经济的空间系统，它是一个经济区域内部所有社会经济活动、社会经济关系或联系的总和。区域经济是经济区域的实质性内容。

区域经济学主要研究范畴包括：生产布局理论、生产力布局的经济调剂机制、区域经济理论和新地域经济开发、规划等内容。

区域经济学在一国经济发展过程中可以发挥重大作用：首先，区域经济学是经济学的重要分支，它灵活运用经济学的观点厘清不同区域的经济发展变化状况、空间组织以及它们之间的关系，成为某一区域经济的整体做奠基；其次，区域经济学深层次的研究了区域与经济间相互作用的规律，如区域经济学探讨了市场经济环境下生产力的空间分布和发展规律，研究特定区域经济发展的路径，分析不同区域如何发挥借助自身优势更好地进行资源配置，以提高区域整体经济效益等，这些科学的研究成果成为政府公共决策重要依据；最后，区域经济可以用于分析特定区域经济发展过程出现的规律性问题，例如，区域特征分析、产业结构演进、目标与政策、目标与手段、人口增长与流动、市政建设与空间布局、区域国土规划、区域间联合与区际利益调和、区域比例关系等问题。自区域经济学诞生以来，就与社会发展实际问题紧密相关，已经被用来解决众多经济、社会问题，继而产生了众多研究方向：区域投融资、城市规划与城市发展、空间结构理论、区带规划及管理、区域生产力布局等。

12.2.4　空间经济学

空间经济学是在区位论的基础上发展起来的多门学科的总称。它研究的是空间的经济现象和规律，研究生产要素的空间布局和经济活动的空间区位。空间经济学的研究理论是，规模收益递增，即当所有投入资料的数量以相同的百分比增加时，那么总收益增加的百分比会大于该百分比。空间经济学包括古典区位理论和新古典区位理论。古典区位理论又包括农业区位理论、工业区位理论和中心地区理论；新古典区位理论包括工业区位理论、经济区理论和市场区位理论和区际贸易和生产布局理论。

概括之，空间经济学核心观点主要研究经济欢动的空间差异，不仅从微观层次上研究企业区位决策的影响因素，而且从宏观层次上诠释现实中发生的各种经济活动所在的空间集中现象，并得到一些应用性的科学成果：①经济系统内生的循环积累过程所产生的因果关系决定了经济活动的空间差异。②当外生的非对称冲击因素对经济系统的影响消失时，经济系统的内生力量对经济活动的空间差异的作用依旧存在。③经济系统的空间模式可以在某些临界状态下发生突变。④区位的粘性，即"路径依赖"。人们在选择经济活动的模式或路径时，更多地倾向于参照历史上认定的某种产业发展路径或者分布模式，存在"约定俗成"的惯性。要想改变这种

"路径依赖"，除非发生某种政治事变这种外生冲击，且超过原有经济系统内粘性的力度，才有可能发生，反之，这种粘性将根深蒂固，反过来保障区域经济在一段时间内的相对稳定性。⑤人为的预期变化对经济路径影响深刻。当产业分布模式存在相互叠加的情况时，人们对产业分布模式和发展路径就存在一定预期，根据有效性原则，个人的预期会服从大众预期，继而选择出一种大众认可的经济模式，将原有经济系统推向新的经济系统。⑥产业聚集可以带来聚集租金。可流动要素在选择聚集区后会得到集聚租金，这笔租金以工人所遭受的损失多少衡量，聚集资金的多少反过来反应贸易自由度的凹函数。

综上，广东建设海洋经济强省势在必行，志在必得。首先，强力的政策护航。国家级海洋经济综合试验区建设、广东海洋经济发展规划、珠江三角洲地区改革发展规划等政策背景成为广东此番建设海洋经济强省的政策主体；其次，科学的理论支撑。产业经济学、产业集群论、区域经济学、空间经济学等都是世界经济发展潮流中诞生的理论成果，用科学的理论指导实践，通过实践检验理论，广东建设海洋经济强省离不开这些重要理论支撑，也将在发展过程中丰富和检验理论内容。

既然建设海洋经济强省这一战略目标已经明确，政策和理论等战略工具完备，战略目标的实施路径就应该水到渠成。21 世纪是海洋的世纪，有效推进广东海洋经济建设一方面要培育新的经济增长极，另一方面还要缓解当前广东省发展过程中遇到的资源环境约束，拓展发展空间。这不得不从广东省传统优势海洋产业和海洋战略性新兴产业发展着手。研究海洋产业集群式创新发展，借鉴国内外沿海地区海洋经济发展的成功经验，带动广东传统优势海洋产业和海洋战略性新兴产业的集群式创新发展，促进海洋产业转型升级，打造具有广东特色的现代海洋产业体系，从而使广东真正实现海洋强省、实现海洋经济可持续发展的宏伟目标。

第13章　基于产业发展视角的广东建设海洋经济强省战略思路研究

13.1　国内外沿海地区海洋经济成功发展的经验借鉴

通过借鉴国内外沿海地区海洋经济发展的成功经验，为广东省传统优势海洋产业提供切实可行的发展思路与路径。

13.1.1　国外沿海地区海洋经济发展战略借鉴

国外沿海地区的海洋经济发展已颇具成绩，尤其是澳大利亚、美国、加拿大、英国、韩国和日本，通过借鉴以上六个国家的海洋发展战略、发展路径或者发展模式进行重点分析和研究，总结出其中可为我所用的经验，为广东省海洋经济发展提供参照。

（1）澳大利亚

澳大利亚的海洋经济发展战略。众所周知，澳大利亚的海洋产业多方面的发展水平处于世界领先地区。这要得益于澳大利亚始于1997年的《海洋产业发展战略》，《战略》包括了澳大利亚海洋经济发展的总战略目标、原则以及配套措施，它在管理、科技、产业发展等多个方面给予澳大利亚海洋经济发展以指导。《战略》充分体现了澳大利亚对海洋产业可持续发展的重视，显示了澳大利亚培育具有国际竞争的海洋大产业的决心和信心。

澳大利亚海洋产业四种模式。《海洋产业发展战略》将澳大利亚海洋产业划分成海洋资源型产业、海洋系统设计和建设产业、海洋作业和航运产业、海洋相关设备和服务产业四中模式。

澳大利亚海洋产业管理模式。《海洋产业发展战略》规定，澳大利亚海洋产业采用综合管理模式，即澳大利亚海洋产业发展采用的根本模式。综合管理模式不仅可用来协调四种海洋产业模式之间的关系，而且可调节不同海洋管理结构及不同管理层次间的关系。

澳大利亚海洋产业发展路径。在保障现有海洋产业长期发展的同时，培育新型海洋产业的发展；保持健康的海洋环境来保障海洋产业的可持续发展；重视为海洋产业健康持续发展提供产品和服务的各经济部门的发展。

（2）美国

美国海洋经济发展战略。美国是较早重视海洋经济发展的国家之一。2000 年时，通过了《2000 海洋法令》，《法令》提出了国家海洋政策制定的新原则，涉及海洋技术、海洋能源、海洋环境、生命与财产等多个方面，而可持续发展的思维贯彻始终。随着全球社会经济发展大环境的变化，美国于 2004 年又重新出台了与时俱进的《21 世纪海洋蓝图》以指导海洋经济的发展。《蓝图》遵循生态系统基础之上的海洋管理、配套国家海洋决策机制、海洋科学水平的攀升、国民海洋教育等几个方面的原则。

美国海洋经济发展路径。珍惜海洋资源，实现可持续发展；改革海洋政策，加强对海洋事务的管理；推动终身海洋教育；加强海岸带管理；建立水质监测网络；力抓海洋科研机构的发展；参与国际海洋事务。

（3）加拿大

加拿大三面环海，对海洋的开发和利用也较早。

加拿大海洋经济发展战略。2002 年出台《加拿大海洋战略》，《战略》涉及可持续发展、海洋知识、生态知识、基于生态的海洋综合管理方法、海洋环境、国际海洋事务几个方面，可以看出加拿大对海洋开发和保护的重视程度。随后，加拿大又制定了 21 世纪海洋战略，其中可持续性、综合管理、海洋环境几个方面的原则与《加拿大海洋战略》不谋而合，可以看出加拿大海洋经济发展战略的连贯性和对海洋环境、海洋资源历来的重视，后者补充了海洋研究机构的相关条款。

加拿大海洋经济发展路径。保护海洋环境和海洋生物的多样性；加强海运和海事安全；加深海洋研究，增加海洋支出经费；完善海洋综合规划；建设海洋科学专家队伍；振兴海洋产业；加强海洋教育。

（4）英国

英国一直都是世界海洋强国之一，从"日不落帝国"至今，都十分重视海洋资源的开发与保护。

英国海洋经济发展战略。自 20 世纪 70 年代至今，英国制定了一系列的海洋经济发展规划，包括《北海石油与天然气：海岸规划指导方针》《90 年代英国海洋科学技术发展规划》《英国海洋法》《英国海洋科学战略》等。上述一系列的法规法规明确了英国海洋六大战略、海洋发展规划、海洋资源与海洋环境的保护等多个方面的发展战略。需引起重视的是，英国于 2011 年出台了英国历史上第一个海洋产业增长战略，该战略的实施有望为英国带来 80 亿英镑的海洋产业增长值，到 2020 年更甚达到 250 亿英镑，有力拉动英国海洋产业的增长速度。除了明确的海洋产业增长值外，该战略还涵盖了英国需加强对新经济体的出口、发展英国近海可再生能源产业、与学术界建立伙伴关系、拉动整体海洋产业发展等方面的战略内容。

根据最新的英国海洋产业发展战略指导，英国将从以下几个方面着手实施发展战略：①协调海洋产业与英国海事支持重点的关系；②扩大海洋产业出口贸易；③制定海洋产业技术和创新、海洋产业新工艺的路线图；④发展近海可再生能源产业；⑤出台新规则，发现风险与机遇。

(5) 韩国

韩国海洋经济发展战略。韩国制定了 21 世纪海洋发展战略，目标建设第五大海洋强国，为此提出了三大目标：创造有生命力的国土，实践海岸带综合管理计划；发展高科技海洋产业，运用高科技拉动包括海运、港口、造船和水产在内的传统海洋产业的发展；保持海洋资源的可持续性，提高水产养殖业的份额，着手开发大洋矿产资源，开发利用海洋生物工程。为实现这三大目标，韩国出台了一系列配套措施：①培育风险型海洋创新企业，涉及海洋生命工程、水产（包括海洋生物资源）、海运（包括造船）和港口建设、海洋环境、海洋调查及海洋非生物资源、海洋文化及休闲旅游等六大领域。②振兴海洋旅游业。③启动海洋教育基金项目，培育专业海洋人才，提高海洋科技国际竞争力，应对发达国家的技术封锁。

(6) 日本

日本陆地面积狭小，但四面环海，海洋资源丰富，海洋运输业发达，是经济上较为依赖海洋的国家。

日本海洋经济发展战略。日本于 2007 年出台了《海洋基本法》，涵盖了海洋环境保护、可持续发展、海洋科学、综合管理、国际海洋事务几个方面。21 世纪，日本海洋经济发展战略不仅更加重视海洋科技规划，而且更加倾向海洋国际合作。

日本海洋经济发展的措施。从国家层面上确保领海的完整，确保对其所属海域的覆盖管理，包括专属经济水域的开发和管理、大陆架的开发和管理、海岸带的开发和管理，确保国家海洋安全，推动海洋产业发展；加强海洋环境的保护和恢复；合理利用海洋资源，遵循可持续发展的原则；建立重大海洋灾害预防和管理机制；增强海洋科学和技术研究力度；培养全民海洋意识，加强国民海洋教育；争取在国际海洋事务中的重要作用，加强国际间海洋合作。

概括起来，当前世界海洋经济发展的模式主要有三种，一是美国模式，典型的大陆立国的模式，海洋突破；二是日本模式，典型的海陆联动，共同开发的模式；三是新加坡模式，典型的以港兴市，工业为辅的模式。广东在发展海洋经济的时候，可以根据自身特点，因地制宜的选取借鉴模式，各种模式各有千秋，哪种模式能促进广东经济发展就选取哪种模式，或者多种模式交叉，择优借鉴。

13.1.2　国内沿海地区海洋经济发展模式借鉴

（1）天津

天津海洋油气资源和海盐资源，坐拥中国最大的人工海港，区位条件优越，工业基础良好，使天津海洋产业发展取得一系列的成就：海洋经济规模快速增长；形成了海洋石油、海洋化工、海洋运输、海水利用、海洋装备制造和滨海旅游等门类齐全的海洋产业链条；海洋经济空间布局已初步成形，不仅建成了中心渔港、百万吨乙烯、千万吨炼油、造修船基地等一批重大海洋项目，而且成功建成了包括天津港主体港区、临港经济区、中心渔港、滨海旅游区、南港工业区在内的五大海洋产业区包括天津港主体港区、临港经济区、中心渔港、滨海旅游区、南港工业区在内的五大海洋产业区。与此同时，天津为进一步加快海洋经济发展，实施了五大战略措施。

这五大战略措施分别是：建立国家重点海洋石化基地；发展原油储备加工业，并围绕其发展下游产业石化基地；建立生态旅游基地；发展海水淡化产业；利用沿海滩涂发展高端海景产业、高新技术产业和金融教育研发。

（2）浙江

浙江正着力构建海洋经济发展示范区，并在多个方面大显身手。

首先，浙江海洋经济发展的战略定位是"一个中心、四个示范区"，海洋经济发展总体格局是"一核两翼三圈九区多岛"。

其次，根据浙江海洋经济发展的战略，浙江在海洋产业发展及布局、港口及海岛开发建设、海洋科技方面做了大量工作。建设"三位一体"的港航物流服务体系，构建大宗商品交易平台和国际物流中心；建设舟山群岛新区，同时开发和保护一批重要海岛；以科技人才为支撑，打造现代海洋产业体系；重视海洋环境和生态建设。

(3) 山东

山东海洋经济发展战略。遵循可持续发展原则，以科学发展观为指导，与山东省的生态规划、城市发展规划和制造基地规划相衔接，推动科技体制创新，培育海洋科技人才，发展海洋新兴产业，实行海陆联动，加快海洋资源开发和保护，完善海洋基础设施建设，加强海洋环境保护，优化海洋产业结构，合理进行海洋产业布局，走具山东特色的海洋经济创新型发展之路。山东海洋经济发展路径。进行海洋经济创新主体建设；实行双向开放，内引外联，为海洋经济创新发展积累资金；坚持科技兴海；完善海洋管理体制；加强海洋生态环境监测、保护和修复；进行海洋资源可持续开发和保护。

(4) 广西

广西海洋经济发展战略。以科学发展观为指导，依托沿海城市和陆域经济，坚持改革开放，加强科技创新，进行产业优化升级，建设临港工业，加强港口建设，加强海洋资源开发和利用，着力保护海洋生态环境，不断优化海洋产业结构及布局，构筑富有竞争力和活力的现代海洋产业体系，提高海洋经济可持续发展的能力，增强海洋经济综合竞争力，为将广西建设成全国海洋经济发展示范区而拼搏。发展广西海洋经济的着力点。坚持科技兴海，坚持发展科技创新型海洋经济与保护生态环境并举的发展方式，走可持续发展之路；发展海洋经济，离不开海洋产业建设，广西必须借助自身资源优势，壮大特色产业群，培育海洋新兴产业，积极推进海洋产业升级，使海洋经济成为拉动广西经济的增长极；广西要积极建成全国重要的现代海洋产业集聚区、海洋生态文明示范区、海洋海岛改革实验区和大宗商品国际物流中心。

(5) 福建

福建发展海洋经济的战略。近几年，福建出台了一系列政策指导本省海洋经济发展：《福建海峡蓝色经济试验区发展规划》《福建省海洋新兴产业发展规划》《福建省现代海洋服务业发展规划》等，可见福建发展海洋经济，建设海洋强省的决心。此外，福建还专门设立涉海专项资金用于海洋产业和海洋科技建设，坚持实施科技兴海战略。福建发展海洋经济的措施：进行海洋科技项目集成建设。福建围绕海洋生物制药、生物高效健康养殖、海洋生物工程装备制造、涉海产业公共服务平台等众多创新领域共性技术需求进行科研专项研发、科技攻关；提高海洋产业集聚力度，打造一系列海洋生物产业园、海洋生物科技园、蓝色海洋经济产业园等园区项目，完善海洋产业链；积极发展海洋新兴产业。通过科技支撑、科研与金融联动，促进海洋新兴产业集聚；采用产学研结合的模式，不断提升海洋科技创新能力；设立海洋经济专项资金，创新海洋科技金融服务。

(6) 海南

海南发展海洋经济的战略。海南省在"十二五"规划中提出建设海洋强省，科学规划发展海洋经济的目标，具体分为以下几个方面：建立现代海洋产业体系，积极发展海洋油气业、海水淡化、海洋生物工程等传统优势海洋产业和新兴产业，完善海洋产业链；科学规划海洋功能区，因地制宜布局滨海旅游区、生态渔业区、珊瑚礁保护区、深海资源区；科学布局海洋产业，促进海洋产业集聚。洋浦港经济区、文昌清澜港经济区、儋州八所港经济区、海口马村港经济区、三亚港经济区分别发展各自优势产业，就地取材，集聚生财。

13.2 基于产业发展视角的广东建设海洋经济强省的战略思路研究

研究海洋经济发展空间布局—海洋产业布局—海洋产业发展，最终带动海洋产业结构进一步优化，海洋区域经济协调发展，海洋经济重点市逐渐形成，全省海洋产业布局合理化，海洋经济对国民经济贡献率显著提高的战略逻辑脉络。

13.2.1 广东海洋经济发展空间布局

据广东省"十二五"规划和海洋经济"十二五"规划指导，广东海洋经发展首要是进行合理规划空间布局。"集约布局、集群发展、海陆联动、生态优先"为指导进行海洋主题功能区域布局的优化，着力构建"一核二极三带"的空间格局。其中，"一核"指的是珠江三角洲海洋经济优化发展区，"二极"则代表粤东、粤西两个海洋经济重点发展区，"三带"即为临海产业带、滨海城镇带和蓝色景观带。"一核二极三带"之间又存在千丝万缕的联系，将珠江三角洲作为核心，同时大力培育粤东、粤西两个新的增长极，还要不遗余力的打造由"三带"构成的生产、生活和生态三位一体的沿海经济带，相互带动，共同发展。明确海洋主题功能区的合理布局，明确三大海洋经济区功能。参考不同区域的海洋资源禀赋、现有基础条件、海洋空间开发强度和资源环境承载力等因素，划分珠三角海洋经济优化发展区、粤东海洋经济重点发展区和粤西海洋经济重点发展区三大海洋经济主体渔区。其中，珠三角海洋经济优化发展区以发展现代海洋服务业、高端制造业、海洋交通运输业和海洋新兴产业为重点；积极建设深圳前海地区、珠海横琴新区、广州南沙新区、深港河套地区等粤港澳重点合作区；着力构建构建"三心三带"的空间结构，即打造广州、深圳、珠海三大海洋经济增长中心，并以珠江为中心，将珠三角沿海地区打造成生态环保型重化产业带，将珠江口东岸打造成现代服务业型产业带，将珠江口西岸打造成先进制造业型产业带；最后，从区域整体角度出发，加强区域内不同城市和地区的联系，做到分工协作，优势互补，将区域内的产业、资源和基础设施等资源进行整合，发展集群产业，增强区域整体经济效益。

粤东海洋经济重点发展区以发展临海工业（包括装备制造、海洋运输业、石油化工、临海能源、港口物流）、现代海洋渔业和滨海旅游业为重点；培育海洋风能、海水淡化、海洋生物制造等海洋战略性新兴产业；加强对惠来海岸、南澳岛、海门湾、柘林湾等地区的开发；以汕头为中心建设粤东沿海城镇群。

粤西海洋经济重点发展区除了重点滨海旅游业外，还着重发展临海现代制造业、临海能源产业（包括临海钢铁、石化）、港口物流业和现代海洋渔业；培育海洋生物制药、海上风电等海洋战略性新兴产业；利用地理区位的优势，打造湛江港为中心的粤西沿海港口群，以建设临港重化产业集聚区；以湛江为中心建设粤西沿海城镇群；重点开发和保护湛江湾、雷州湾、东海岛等重点区域。

　　构建现代海洋产业体系的过程也是进行海洋产业优化布局的过程。当前，广东发展海洋经济需要以海洋产业的发展为支撑和后盾，所以着重优化海洋产业机构、布局，可持续的利用和保护海洋资源，集约利用海洋资源，拓展海洋经济发展空间。

13.2.2　广东海洋产业布局

(1) 传统优势海洋产业的布局

　　海洋渔业的布局。渔业资源是海洋经济发展不可或缺的原动力，是海洋经济有机整体的重要分支。由表13-1可知，随着海洋强省建设的不断深入，海洋新兴产业孕育迸发，海洋渔业总产值占海洋生产总值的比重有可能持续呈下降趋势，但海洋渔业在保障海洋权益、打造海洋经济强省等方面所彰显的基础性产业地位无法替代。渔业资源在某种程度上具有不可再生性，海洋渔业是资源型产业，对环境的依赖程度较高，故而，在可持续发展理论指导下，寻求海洋渔业资源的可持续开发利用，势必要实现传统海洋渔业向现代海洋渔业发展理念的转变，近海捕捞向远洋捕捞（渔业）开发领域的转变，水产品初级加工向水产品精深加工生产方式的转变，从而提升海洋渔业开发层次和经济效益、社会效益及生态效益，实现传统海洋渔业由资源型向资源管理型蜕变。具体而言，加快远洋渔业基地试点建设，依据资源禀赋、区位优势等，优先选取珠江三角洲海洋经济区的广州、深圳及粤西海洋经济区的湛江、阳江等地作为本省远洋渔业基地试点，探索新型渔业捕捞发展新路径；鼓励深水网箱养殖，在江门、潮州、湛江、阳江等地推广深水网箱养殖，构建以"三高"为标准的示范园区，加快推进深水网箱养殖的集群化、产业化发展；积极培育和发展休闲渔业，围绕"三大休闲渔业产业带"，即都市型休闲渔业带、旅游休闲渔业带和生态休闲渔业带为重点，着手打造特色、新颖休闲品牌，创建全国休闲渔业示范基地，促进三次产业大融合，有利于海洋产业结构优化转型升级；注重水产品精深加工业的高效发展，广州、江门、中山、汕头、潮州、湛江、阳江等地可依托其丰富的渔业资源，可就地取材建立水产品加工基地和物流集散中心，以市场为导向，通过政策扶持、技术研发，增加水产品高附加值，从而实现水产品加工业由数量型、资源消耗型向高质量高效益型和资源节约型转变，加快本省进军高端市场。

表 13-1 广东省海洋渔业总产值与海洋生产总值变化趋势

单位：亿元，%

年份	海洋渔业总产值	海洋生产总值	比重
2006	519.03	4 288.39	12.10
2007	541.87	4 113.9	13.17
2008	652.59	4 532.7	14.40
2009	661.23	5 825.5	11.35
2010	741.44	66 661.0	1.11
2011	843.01	8 253.7	10.21
2012	914.04	9 191.1	9.94
2013	975.28	10 506.6	9.28
2014	1 080.31	11 283.6	9.57

资料来源：《广东统计年鉴》《中国海洋统计年鉴》。

滨海旅游业的布局。滨海旅游资源可以是天然的，也可以是部分人为的，所以其分布更为广泛。将珠江口湾区、川岛区、海陵湾区、南澳岛区、深圳大鹏湾区、珠海沿岸与海岛群、惠州稔平半岛、水东湾和大放鸡岛、湛江湾区打造成滨海综合旅游区；将深圳太子湾、广州南沙等国际邮轮母港基地、中山磨刀门神湾游艇主题休闲度假基地、江门银湖湾游艇主题休闲度假基地、潮州柘林湾海上牧场、揭阳金海湾度假旅游区打造成极具特色的临海旅游地区；构建珠海长隆国际滨海旅游度假区、广东海陵岛国家级海洋公园、广东特呈岛国家海洋公园、中山海上温泉度假区、汕头漾江国际度假湾等旅游景点；打造海陵岛群、川山群岛、万山群岛、大亚湾中央列岛、南澳岛、湛江湾六大岛群滨海旅游岛屿。

海洋交通运输业的布局。近些年，作为传统支柱性海洋产业的海洋交通运输业发展迅猛，在"21 世纪海上丝绸之路"和打造中国—东盟钻石十年战略的推动下，以区域性为主要特征的海洋经济在珠江三角洲、粤东及粤西日渐汇聚，海路运输也成为广东乃至中国进出口贸易的重要通道。海洋交通运输业对天然港口的要求较高，所以要依港而建。着力打造珠江三角洲、粤东、粤西沿海港口群，发展临港产业经济和外向型经济，构建国际集装箱运输干线和能源物质、原材料的中转站；推进湛江东海岛铁路、南沙港疏港铁路、粤东疏港铁路、茂名博贺港疏港铁路、珠海高栏港高速公路等项目建设，完善和提升以港口为中心的综合交通运输网络体系，打破地域阻隔，促进优势互补和海陆联动发展，更好地服务于海洋强省战略。

海洋油气业的布局。随着南海深海油气资源的开发，广东海洋油气产业的布局可以就近取源。广州、深圳、珠海、湛江、惠州等地可以建立深海油气研发、生产、储运等基地，为广东海洋经济发展储备足够的能源；广东海洋科教实力雄厚，广东、深圳、珠海、湛江等地集聚着诸多高校、科研院所、大型海洋企业等，承担着南海深海油气资源技术研发重任，可为南海深海油气资源开发提供技术储备；深海油气资源开发难度大，需要相关产业的协同合作，故而倡导多元主体参与，鼓励与中海油、中石化等大型企业合作，在广州、深圳、珠海、湛江、惠州等地建立南海深海油气资源后勤补给站和服务站；推进深圳、江门打造深海海洋装备试验和装配基地建设。

海洋船舶工业的布局。海洋船舶工业一般沿海、依港而建。在广州、中山、珠海三地建造船舶制造基地，加强技术、高附加值船舶研发力度，以建设海洋强省为契机，努力打造具有国际竞争力的船舶制造业生产基地；推动建设珠江三角洲游艇产业园，提高产业配套能力，形成以高端游艇制造业为主导的产业链，推进游艇产业集约化、产业化发展；打造珠海游艇产业研发、制造基地，使之服务于珠三角乃至广东新一轮海洋经济发展战略全局；借助构建滨海旅游游艇产业"黄金海岸带"历史机遇，加快建成以广州（南沙和生物岛）、珠海（平沙）、深圳（大鹏湾）为核心的游艇产业集群；积极进行东西两翼地区船舶制造业转型升级，并建立大型船舶修造基地，提升船舶制造业整体实力。

(2) 海洋战略性新兴产业的布局

海洋工程装备制造业的布局。以广州南沙、中山和珠海为中心，建立珠江口西岸具有国际化水准的海洋工程装备制造产业带；打造广州龙穴船舶与海洋工程装备制造基地、珠海中船船舶和海洋工程装备基地、中海油深水海洋工程装备制造基地、三一重工珠海现代港口机械和海洋工程装备制造基地建设；深圳和珠海是海洋工程装备制造业的重点点基地，大力发展海洋装备制造业，把重点城市培养成为技术先进城市。

海洋生物医药业的布局。建设广州、深圳国家生物产业基地，重点发展生物服务、基因工程药物、生物制药、海洋药物等领域，注重与珠江三角洲地区和港澳地区形成优势互补、错位发展的生物产业链，实现从孵化期到生产期的跨越，最终形成以医疗器械、生物服务、生物能源等为主导的生物技术产业集群，促成香港、广州、深圳在亚太地区乃至全球范围内。

具有国际影响力的生产技术创新与服务基地；打造华南现代中医药城、中山国家健康科技产业基地、珠海生物医药科技产业园建设，加强园区开发力度，重点引进国内外高端中医药产业、健康医药产业、生物医药产业和科研创新中心，进一步提升和丰富产业园区服务功能和开发层次，使之成为我国医药产业集聚密度最高的地区之一；推进阳江、湛江和汕头生物产业基地建设，努力打造国际一流生物医药产业集群。

海水综合利用业的布局。推进深圳、湛江、汕头等滨海城市建设海水淡化示范工程，形成三大海水淡化产业集群，即工业海水、淡化海水和生活海水；以深圳、湛江等地为重点，努力打造集创新驱动、科技研发、装备制造等为一体的国家级海水综合利用产业化基地；推进万山群岛、南澳岛、川岛和东海岛海水淡化工厂建设。

海洋新能源产业的布局。在条件适宜的海岛、滨海地区，例如万山群岛，建设海洋可再生能源开发、利用技术实验基地和示范工程；在深圳、阳江等地建立波浪能试验基地、推进海岛独立供电系统应用试点；在海陵岛群、川山群岛、万山群岛、大亚湾中央列岛、南澳岛、湛江湾等地设立波浪能、潮流能、温差能等方面的新技术、新装置研究试验基地。

（3）海洋现代服务业的布局

海洋现代服务业主要依据港口、临港产业基地而生，可在深圳盐田港、珠江口岸、湛江港、惠州港等地建立港口物流产业园；以广州、深圳、珠海、湛江等地为重点，发展国际海洋会展业。

（4）大力发展高端临海产业的布局

临海石化工业的布局。打造惠州大亚湾、湛江东海岛、茂名、揭阳惠来四大重点石化基地，重点延伸石化产业链，构建以"三高"，即附加值高、技术含量高和产业集中度高为特征的石化产业集群；改造升级广州石化基地，以大型骨干企业为依托，大力发展以绿色环保为主题的现代化、生态化的新型石化产业集群。

临海钢铁产业的分布。主要建设湛江东海岛千万吨级钢铁基地和南沙冷轧板、镀锌钢板等钢材深加工产业基地，形成两大临海钢铁产业基地优势互补、错位发展的共赢局面。

临海能源产业的布局。广州、深圳、惠州、湛江和汕头是 5 个海洋经济重点市，可利用当地的资源优势，建设种类齐全的临海能源产业体系。

13.2.3 广东海洋产业发展

先是广东"十二五"规划提出建立海洋强省的目标，紧接着国家将广东列入国家海洋经济发展试点省份，广东迎来了发展海洋经济的重大机遇期。海洋经济发展以海洋产业发展为支撑，为此，广东制定了一系列发展海洋产业的目标和措施。

(1) 围绕"加快转型升级、建设幸福广东"为核心，贯彻可持续发展的思路

加快转型升级是广东贯彻落实可持续发展观的重要体现，也是生产力发展的内在要求，强化以转型促发展、促改革、促创新，汇集一切有利因素，打出一条海洋强省建设的血路来。

当前，广东海洋经济发展正处于攻坚克难的关键时期，转型升级不仅符合建立海洋强省这一目标的内在要求，而且还关乎人民福祉、社会发展的重大问题。因而，以转型促发展则是重中之重，其根本则在于海洋产业转型升级取得实质性进展。要加快转型，务必做好几个方面：一是走创新发展之路，驱动海洋产业之优化转型升级。强化企业作为创新的主体地位，运用并发挥好市场机制配置创新资源作用，引进并加强高层次创新团队和创新人才建设，激发政产学研合作机制活力，构筑科技创新成果转化应用温床，坚决走创新发展之路，驱动海洋产业之优化转型升级。二是构建现代海洋产业体系。传统海洋优势产业是海洋经济发展的基础性产业，好比马斯洛需求层次理论中的生理层面上的需求，具有不可替代的作用，因此，要加强对传统海洋优势产业的改造升级，释放更多活力和潜能，助力海洋强省建设；海洋战略性新兴产业的显著特征是对海洋高新技术的高度依赖，且具有极强的集聚效应和扩散效应，已成为广东省抢占新一轮海洋经济发展高地的利剑，务必坚持以科学发展观、可持续发展观来指导和培育海洋战略性新兴产业；作为海洋产业链中的高端，海洋现代服务业已成为国际海洋经济发展的必然趋势，生产性海洋服业在海洋产业链中的高价值增值，也成为实现海洋产业转型升级、建设幸福广东的主要途径，因此，要扩大海洋现代服务业的规模，推进生产性海洋服务业；大力发展海洋高端临海产业,形成临海石化产业集群、钢材深加工产业集群、临海能源产业集群,为实现海洋强省、建设幸福广东注入新动力。三是注重区域协调发展。区域海洋产业发展的不平衡性是阻碍广东海洋经济发展的关键问题,它的存在直接关系到海洋强省建设的成败。因此,优化三大海洋经济区空间布局,明确经济区主题功能,形成优势互补、分工明确、错位发展的海洋经济发展新格局。

(2) 集约利用海洋资源,保护海洋生态环境

坚持可持续发展战略,走海洋资源集约型发展道路。借助海洋高新技术提高海洋资源开发的层次和维度,发展科技含量高、污染程度低、经济效益高的海洋新能源产业;健全和完善海域资源产权机制,以市场需求为导向,建立海域储备交易中心,且投放市场需有计划、有重点、分批次、适时适度的投放,实现海域使用权的合理化流转;推进海洋资源市场化配置平台建设,深度开发海域二级市场,成立海洋产权交易中心;岸线和海域面积的投资开发需制定严格的投资强度标准,引导和规范高端临港临海产业集聚发展,以科学发展观指导岸线和海域资源的开发利用,实现海洋资源的永续利用;积极开展海岸带综合整治试点工作,推进重点海域环境整治与修复示范工程,鼓励和引导社会资金参与海岸带综合保护和利用;积极引进国外先进技术,尤其是海洋生态与生物多样性保护技术,并积极向涉海企业推广基础性、关键性、应用型科技研究及其成果,为我省海洋生态文明建设提供科技支撑平台。

(3) 合理开发利用海岸带和海岛群

开发利用海岸带方面,深入落实美丽港湾工程建设,制定严格的陆源污染排海管理机制、监控机制、惩罚机制,加强重点区域海面和海滩垃圾清理力度,积极开展海岸带综合整治试点工作;研究设立多元主体海洋综合管理协调机制,根本目标是解决海岸带保护与海洋经济发展之间存在的突出问题,强调多元主体间的协同管理;加快制定《海岸带保护和利用管理办法》,以法制思维管理和规范海岸带资源开发,有效规避违法开发利用行为的发生;强化地方政府对海洋带开发利用投入力度,创造良好的融资环境,鼓励民间和社会资本参与海岸带生态环境保护;推进以海洋高新技术为支撑的海岸带全方位监控系统建设,对海岸带变化趋势进行及时追踪监控,为海岸带开发利用咨询和决策提供更为科学、准确、全面、高效、快速的信息。

开发利用海岛群方面，以保护海岛资源环境的前提下，发展海岛特色产业，如休闲渔业、生态旅游业、生态养殖业等产业，并以此作为海岛的主导经济产业，集约利用海岛资源，发展循环经济；推进无居民海岛使用权试点工作，完善海岛水电、岛内交通、防灾减灾工程等基础设施及配套设施，加强海岛监视检测系统建设，对海岛开发利用情况、海岛资源生态变化趋势进行追踪监控，规范无居民海岛开发利用活动；"因岛制宜"，支持有条件的海岛大力发展特色渔业旅游业，塑造具有本地特色的海岛旅游品牌；加强海岛生态环境保护，严格限制甚至禁止开发具有生态环境价值高、主要珍稀物种栖息地、海洋物种多样性等特征的无居民海岛开发利用；以海洋高新技术引领海岛资源开发，转变粗放式的发展模式，提高海岛资源综合管理能力；依据海岛资源特质，划分不同类型、不同等级的自然保护区，实施因岛制"岛"的差别化管理模式，较好推进海洋资源的可持续开发利用。

(4) 优化海洋产业结构，到 2015 年海洋三次产业结构调整为 3：44：53

一是提升改造传统优势海洋产业。创新发展思路、管理模式、管理理念，促进海洋渔业、海洋船舶业、海洋油气业等传统优势海洋产业结构转型升级，凭借其雄厚的海洋科技创新实力，研发制约传统海洋产业转型升级的关键技术问题，继续做大做强做优传统优势产业和主导产业，促进传统优势海洋产业集群式创新发展，稳固传统优势海洋产业的基础性地位，从而更好地服务于海洋强省建设。二是培养海洋战略性新兴产业。以实施"深蓝科技计划"为突破口，建设以"产业链"为核心的深海海洋工程装备制造、海洋新材料、生物育种等前沿科技产业基地、示范园区，形成具有深蓝特色的海洋战略性新兴产业优势集群；加大海水淡化及综合利用技术、南海生物资源开发技术、海洋新能源开发技术等新兴产业技术研发，掌握海洋经济发展主动权，提高海洋战略性新兴产业价值链的层次和科技水平。三是大力发展海洋现代服务业。以建设"数字海洋"为契机，加强海洋信息服务、海洋环境监测、海洋预报等信息发布和服务，重点建设海域环境保障、海洋管理信息数据库、统计与信息发布制度，支撑海洋新兴产业发展；借助"一带一路""海洋强省"战略，重点发展国际海洋会展业、海洋金融保险业和信息服务业等现代海洋产业，创新区域海洋现代服务业合作平台；发挥港口竞争优势，在广州港、深圳港、湛江港等地打造具有国际竞争力、影响力的国际化港口物流中心。

(5) 创新蓝色金融体系，助推海洋产业高效发展

一是创新金融融资产品，完善海洋产业金融支撑环境。资金短缺是涉海企业发展的重要短板，为畅通融资渠道，填补资金短缺这一短板，应创新和灵活运用多种抵押方式，充分发挥其融资职能，以缓解涉海企业资金不足的发展困境；创新信贷产品，开发服务于海洋战略性新兴产业、海洋现代服务业、高端临海产业等产业的信贷产品，并加大信贷扶持力度，因地制宜地研发海洋产品项目最佳信贷组合，改进和提高信贷服务水平，为涉海企业提供多元化、个性化、专业化的金融服务。二是拓宽融资渠道。国家层面上，积极争取国家财政支持，加大对高新技术产业的财政支持力度，同时，利用优惠的税收政策，吸引国内外金融企业入驻；地方政府层面上，加强对地方性海洋金融机构建设，培育一批规模大、发展前景好、信誉高的地方性金融优势企业，通过设立海洋创新投资专项基金的形式，加大对海洋经济发展的核心领域、重点产业的扶持力度；企业层面上，提倡符合条件的涉海企业积极发行多种融资工具，如中长期票据、企业债、短期融资券等，以此来筹措海洋产业发展资金；民间层面上，鼓励和引导民间资本参与海洋生态环境保护、海洋资源开发与利用，另外，依托天然良港发展高端临海产业，创造良好的市场融资环境，吸引大型跨国企业的的直接投资，增强临海产业对区域经济的辐射能力。开发海洋类金融产品，创新涉海金融服务模式，完善海洋产业链金融服务体系，现代金融工具对接地方海洋产业转型等方面的人才缺口；鼓励科研机构、高校、涉海企业积极参与国际性海洋经济区域合作与交流，以访学、顾问、培训、项目合作等形式，学习和借鉴国际先进的管理模式；出台一些涉及住房、子女教育、生活补贴等方面的优惠政策，吸引国际蓝色金融人才来粤就业和留住国内外在我省从事蓝色金融的高层次人才。

(6) 坚持科技兴海，走集约化发展道路

加快海洋产业转型升级实现"海洋强省"战略并不是发展海洋经济的最终目的，实现海洋经济、海洋资源、海洋生态三者的和谐发展、有机统一，为建设海洋强省提供强有力的支撑才是根本所在。为此，深入实施科技兴海战略，秉持陆海统筹原则，探索陆海产业—科技一体化运作模式，实现陆海联动、海洋产业与海洋科技统筹发展，促进海洋科技创新本土化，培植高端价值链，推动海洋经济发展，走集约化发展道路；依托海洋高新技术开发利用海洋清洁能源，重点发展核电、风电、火电等滨海电力业，构建以核电、风电、火电为主体的临海能源产业体系，打造国家级的清洁能源基地；实施人才强海战略，加强海洋高新技术人才队伍和海洋创新团队建设，支持中山大学、暨南大学、广东海洋大学等高等院校设立与经济发展相适应的涉海专业学科，积极引进国内外海洋科技创新人才，为海洋强省建立提供强有力的科技支撑；推进涉海科技企业体制改革，鼓励和引导涉海科技企业在组织内部建立诸如博士后流动站、科技研发中心、技术合作与交流中心等知识创新机构，加快科技成果转化应用；加强跨区域合作，推进两翼地区深化与台湾海洋科学技术合作，加快实现海洋产业技术对接，加强面向东盟国家或地区的国际科技交流与合作，重点对深海油气勘探技术、海洋新能源技术、海水综合利用技术、海洋生物医药技术等关键技术联合攻关，提高海洋产业链科技水平。

（7）积极推进海洋产业集群化发展，提高海洋产业国际竞争力

一是加强区域合作，提升整体集群效应。区域合作是促成海洋产业集群化发展的重要手段，有利于区域内生产要素自由流动和资源的优化配置。从区域内部合作和区域外部合作双手抓方可实现整体集群效应的显著提升。基于经济发展基础和资源禀赋，珠江三角洲海洋经济区要深化与港澳地区在现代海洋服务业、高端制造业、海洋交通运输业和海洋新兴产业等产业方面高水平、深层次、宽领域、全方位的合作，借"粤港澳海洋经济圈"之力，助推产业集群化发展；粤东海洋经济区着力发展滨海旅游业、临港工业、港口物流业、先进制造业、水产品精深加工等产业，形成以汕头为中心的新型临港城镇群，对接海峡西岸经济区，推进"粤闽台海洋经济圈"海洋产业，提升粤东海洋产业竞争力；粤西则大力发展远洋捕捞业、深水网箱养殖、海洋工程装备制造业、海洋服务业、滨海旅游业等产业，充分发挥湛江港枢纽功能，加强与北部湾、海南国际旅游岛的区域海洋产业合作，增强粤西海洋经济影响力。二是发挥比较优势在海洋产业择优发展中的运用。广东作为海洋强国战略中的排头兵，传统海洋优势产业发展正处于成熟期，依赖高新技术发展的海洋战略性新兴产业也取得重大进展。为此，要推进创新驱动引导海洋产业和产品创新，既要实现高端产业集群化，也主要注重产品品牌形象塑造，形成新的竞争优势。同时，在区位优势、资源优势的基础上，充分发掘港口枢纽作用，引导钢铁产业、临港重化产业等产业资源进行重组，积极培育一批效益好、信誉高的大型企业，并向港口物流产业园、临海产业带、临海石化产业基地集聚，打造既富有港口物流特色，又有临海临港工业作为坚实后盾的港口经济产业集群。三是海洋产业集群化发展需注射海洋科技创新血液。海洋新兴产业集群化发展潜力巨大，同时也受科技创新水平的影响。因此，建设海洋强省，必须重视科技在海洋经济发展中的支撑作用，加大创新型、应用型、创新应用型人才的培养力度，灵活运用市场机制调配科技资源和优化人才培养结构，构筑海洋科技创新成果转化平台，实现海洋科技成果向技术优势、竞争优势、产业优势、市场优势的转化。

综上，通过合理布局海洋经济空间布局和海洋产业布局，充分利用各区域海洋资源禀赋，拓展海洋资源开发空间，辐射带动上下游产业发展，完善海洋产业链条，提升传统优势海洋产业竞争力，着力培育海洋战略性新兴产业，达到海洋产业空间上的集群发展，追求在集群区域内的整体经济效益和粘性，从而推动海洋区域经济协调发展；区域内海洋经济协调发展，积累集群资金，使得海洋经济重点市崛起和壮大，重点市内的海洋产业链向周边不断延伸，集群区域不断扩大，从而推动周边市域的发展，最后，由点—片—面发展脉络，打造强劲的海洋经济主体，带动广东两翼跨越式发展，使广东海海洋经济发展如虎添翼，崛地而起，海洋经济强省目标的实现指日可待。

第14章 广东传统优势海洋产业
集群式创新发展的理论
与实证研究

14.1 广东传统优势海洋产业集群式创新发展理论体系构建

经济全球化可简要概括为商品、服务及相关要素生产和流通的全球性和国际化。经济全球化进程受知识经济快速发展的显著影响，在此基础上形成的产业集群发展主要呈现出如下一些特征：传统的科层制组织结构难以与市场变化保持同步，组织形式的改革使得管理幅度和协作范围幅度加宽扩大，协作的企业数量日益扩大，企业选择空间多维化，产业集群对市场变化的信息可以快速接收。在这样的环境下，中小企业进入目标市场的困难减少，尤其在成本、渠道和方式方面，中小企业进入市场才能有机会和能力与大企业竞争。

根据海洋产业集群式创新发展的相关内容可知，网络化组织具有协作范围广阔、企业数量庞大、协作空间更大的优点，因此，在网络环境下，中小海洋企业可用相同的成本、渠道和方式进入同一目标市场，大大增加了与大海洋企业抗衡的机会和能力。

现在网络视角上，将波特产业组织理论中的 SCP（Structure - Conduct - Performance）作为依据，从结构维、机制维、动力维三维度构建广东传统优势海洋产业集群式创新发展的理论体系（图 14 - 1）。

海洋产业集群网络形态关系表现为集群企业间的互动表征，这种关系发生在特定的海洋产业集群区域之内，群内的海洋企业互动所产生的创新网络和机构，彼此共享知识、分享资源和技术而发生的各种活动和联系。

海洋产业集群网络创新系统至少包括如下三个因素：①海洋产业集群中各海洋企业与相关企业之间的互动所形成的网络系统是关键要素；②海洋产业集群内部的海洋资源、相关机构和配套基础设施，例如研发机构、大学、

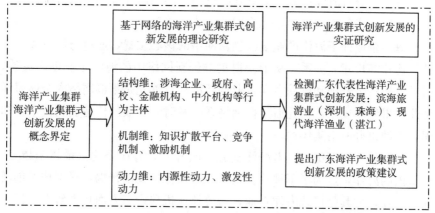

图 14-1　广东传统优势海洋产业集群式创新发展研究思路图

金融机构、中介机构、政府等；③海洋产业集群区域的内外部环境因素，涵盖群内文化、人力、资源、社会因素，群外政府、行政规制等其他外部资源。这些因素可组合成海洋产业集群创新系统不同层次的网络系统：海洋企业与供应商、销售企业、客户群构成了最核心的网络系统；海洋企业与政府及其他服务机构共同形成海洋产业集群的辅助网络系统；制度规制、外部海洋资源、全球产业网络等一起构成海洋产业集群的外部网络。

　　结构维、机制维和动力维共同构成了海洋产业集群网络的三维动态研究框架，结构维即是由涉海企业、政府、高校、金融机构、中介机构等行为主体协同构成的，而知识扩散平台、竞争和激励机制构成了机制维，海洋产业集群网络结构优势的内源性动力和激发性动力则构成了三维动态研究框架的动力维。海洋产业集群网络三维动态研究框架的构建从动力维出发，基于网络视角深入系统地研究海洋产业集群式创新发展理论。

14.1.1　从结构维度出发研究广东传统优势海洋产业集群式创新发展

　　涉海企业、政府、高校、金融机构、中介机构等行为主体协同构成结构维。结构维就是利用以上各行为主体之间互动而产生的网络结构及网络联系强度大小反过来作用行为主体进行知识互动、竞争与合作的方式，最终影响海洋产业集群发展进程。其中，各行为主体间网络联系强度大小会作用于海洋产业集群资源获取能力上。

首先，分析海洋产业集群创新网络的核心网络在推动广东传统优势海洋产业集群式创新发展中发挥作用的方式及机制。

海洋企业处于海洋产业集群创新网络的核心位置，通过与供应商、辅助机构和客户建立关系，从中获得集群创新网络中的海洋企业创新灵感，引导、扶持、管理和推动海洋企业创新活动，首先是集群网络内个体海洋企业取得创新成果，再凭借集群网络系统及时、有效的传递创新技术、知识，带动集群网络集体创新。

当今是海洋世纪，随着海洋资源不断开发，海洋企业数量越来越多，集群内的海洋企业为了不被社会淘汰就必须保持高度警惕，寻求技术创新谋求生存，尤其是传统海洋企业，需要抓住机遇，一方面自主研发，另一方面与上下游企业加强联系，实现资源共享，优势互补，与此同时，与科研机构加强合作，不断创新。

集群创新网络内的海洋企业与供应商、消费群体形成一条龙服务的供应链，供应商和消费群体直接掌握着市场风向标，掌握着海洋企业创新所需的技术、知识，所以企业要稳固这条供应链，加快原材料、产品的流通速度，节约成本，提高资源利用率。

集群网络内的海洋企业间可以共享技术和知识，展开横向联盟，提高集群整体创新能力和水平。

除企业个体或者部分企业横向联盟进行创新，集群企业网络更重要的优势体现在，化集群内企业为整体，不仅可保持单个企业的灵活性，而且可以获得整体的规模效应和范围经济优势，优势互补，共同投资，共担风险，降低成本和环境的不确定性，产生"1＋1＞2"的效用，收获"网络效应"。

其次，对海洋产业集群创新网络的辅助网络在推动广东传统优势海洋产业集群式创新发展中发挥作用的方式及机制进行分析。

大学与科研机构的作用方式和机制。

由于大学与科研机构是汇聚人才和知识的地方，是创新的殿堂，因此在集群创新网络中扮演着类似于"智囊团"的角色。随着海洋资源的开发，海洋产业转型升级，产生了海洋类专门人才的需求，所以海洋类特色大学、海洋经济研究机构的数量在不断增加，产学研模式正在不断地走向成熟，大学、产业与政府之间"三螺旋"的创新模式越来越普遍。

大学与企业之间关系紧密。一方面，大学人才培养方向、学科规划与企业人才需求紧密对口，为企业技术革新、知识创新提供紧缺的高端人才、复合型人才、专业型人才，推动企业技术创新，大而化之，大学可以为集群区域内的企业提供人才和智力支持，有力推动产业集群发展，直接转化成果比比皆是，如科技园和孵化器等，大大加速了知识向生产力转化的进程；另一方面，由于企业出于成本、技术水平以及人才资源等方面的考虑，目前企业在不断加强与大学和科研机构之间的联系，并就创新方面展开合作，利用大学和科研机构的技术和人才径直因需创新，以节约时间和成本；从集群网络整体角度出发，大学和科研机构还发挥着协调网络关系，推动集群网络整体创新和网络系统建立作用。

政府的作用方式和机制。

政府在海洋产业集群创新网络中扮演着引导者、鼓励者、规制者和服务者的角色。政府主动引导和鼓励集群内的企业展开合作和互动，促进企业间的信息、知识、技术和资源的交流和共享，推动集群网络建设。当企业逐渐联系紧密，开始形成产业集群时，政府就减少规制行为，更多转向为集群企业提供服务，完善基础设施建设，强化集群力度；当集群网络不断发展，进行正轨时，政府就减少干预，仅规范和服务群内企业，然企业在规则之下充分发挥活力，展开合作与竞争，不断进行技术、知识、管理方面的创新活动，推动集群网络形成与稳固发展；当集群进入衰退期，政府可采用鼓励和引导的方式，让群内企业有序退出。

金融机构的作用方式和机制。

不论是企业的发展，还是产业集群，均离不开投融资的支持，也就是开不开金融机构的支持。金融机构能够为海洋产业集群创新的发展提供多方面的服务，在这里主要介绍风险投资。风险投资与高新技术产业地缘部分重合，且自身具有空间集聚的特点。风险投资是一种权益投资方式，帮助企业完成创新、衍生提供金融支持，并传播自身金融专业知识，这在某种程度上使其成为产业集群的过滤器和助推器，为产业集群的发展和升级指引方向，有利于分散集群创新的风险。

中介机构的作用方式和机制。

中介机构在集群网络中扮演着黏合剂的角色。它为集群内的企业提供技术、资金、知识、资源等方面的帮助，促进集群内企业个体内部完成创新生存的目标，也在企业之间传播集群隐含的知识，共享已有的技术要素，推动了集群整体的规模创新进程。一定程度上成为集群发展程度的标尺和后备力量。

最后，对海洋产业集群创新网络外部辅助网络在推动广东传统优势海洋产业集群式创新发展中发挥作用的方式及机制进行分析。

在全球海洋经济不断发展的背景下，由于传统优势海洋产业集群程度已基本走向成熟，战略性新兴海洋产业发展势头愈来愈猛，传统优势海洋产业集群如何延长从成长、成熟到衰落的时间跨度，如何迎接集群外部社会经济环境中的竞争与挑战，便成为了广东省在发展传统海洋产业经济中所面临的迫切需要解决的问题。

传统优势海洋产业集群形成后，在加强内部各涉海企业间的知识共享、资源共享、优势互补等互动活动外的同时，不能切断与集群外部的联系，加强与其他集群、全球产业网络的联系，不能故步自封、"区域锁定"，而是塑造成一个动态、开放的系统，以"区域整体"的身份积极参与更大范围、乃至全球的竞争与合作活动中去，不断汲取知识、交流技术、更新人才，不断保持本集群网络的创造、创新能力，继续保持竞争优势。

传统优势海洋产业集群网络创新的途径有多种选择，获取外部显性知识和嵌入全球价值链是两种较为有效的升值渠道。

综合以上论述可知，核心网络是集群创新网络的"骨骼"，辅助网络则构成了集群创新网络的"血肉"，外部网络扮演集群创新网络的"盔甲"角色，三者之间主次明确，角色明确，但又是不可分割的整体，在推动集群网络创新中起到了举足轻重的功效。

14.1.2 从机制维度出发研究广东传统优势海洋产业集群式创新发展

知识扩散平台、竞争机制和激励机制共同构成了传统优势海洋产业集群网络创新的机制维。

首先，分析传统优势海洋产业集群网络的知识扩散与共享机制。

集群网络的知识创新与扩散深受集群内外部环境的影响。知识具有隐含性、有限较流性、记忆不完全外部性三大特性，决定了经验性、获得性和模仿性三种集群网络知识交互学习方式。据知识的特性可集群互动学习模式分为直接和间接两种模式。直接模式就是群网内企业间合作、人员流动获得创新知识集成，或者企业内部衍生机制直接获得知识积累；间接模式就是群网内企业间模仿、非正式沟通所习得的知识模式。这其中，集群网络在企业间的知识交流和知识学习上起到重大推动作用，而群网内的企业间的信任和合作是知识交流、积累和学习的润滑剂；集群网络创新知识扩散依赖于社会资本；集群网络还存在知识溢出效应。群网内的企业内部可以通过衍生机制积累创新知识，也可以通过企业间的人员流动和非正式沟通，模仿和学习其他企业的创新知识，更新和丰富知识内容，以形成本企业的竞争优势。

其次，分析传统优势海洋产业集群网络的竞争与合作机制。

集群网络是一个动态、开放的系统和结构，群网内企业间的竞争与合作关系是推动集群网络创新的核心动力和关键因素。

竞争机制主要存在于群网内不同企业之间和不同群网之间。竞争无处不在，单个企业要想不被淘汰，就必须从内部革新，研发新产品、新工艺，不断通过衍生机制和模仿、学习，积累创新知识，获取创新资源，保持自身竞争优势，从内部推动群网创新；群网之间同样存在竞争，同样存在优胜劣汰。除了良性有序退出衰败的群网进入新的群网外，还可以通过区域群网间的合作、交流和学习，集成创新知识和资源，保持生存能力。除此之外，群网要有发展的眼光，通过嵌入全球产业网络获得发展机遇。

合作机制是较竞争机制更为和谐的发展态势。主要包括企业网络与辅助网络、外部网络之间进行的合作；企业与企业之间的合作；企业与外部环境的合作；群网与群网的合作；群网与全球产业网的合作等，都是企业生存之道。在合作中保持竞争意识，增强自身创新知识习得能力，才能获得生存和稳定的合作关系。

14.1.3　从动力维度出发研究广东传统优势海洋产业集群式创新发展

海洋产业集群网络结构为传统优势海洋产业集群式创新发展带来了内源性动力和激发性动力，这两种动力共同构成传统优势海洋产业集群式创新发展的动力维。内源性动力涵盖了海洋产业集群网络内外部的知识扩散与共享；激发性动力涵盖海洋产业集群网络外部的政府规制、集群政策、升级机制、创新能力培育等内容。

海洋产业集群网络构成之后，需要不断发展、成长，保持持续发展和正常运转的能力，不断进行社会资本积累，汲取创新知识，在竞争与合作动态中走向成熟。集群网络作为一种结构形态，其节点与节点之间需要保持稳定、长久的动力和黏合性的动力，这种动力来自集群网络创新升级的内源性动力和外源性动力。海洋产业集群网络结构内部不同节点之间因共同利益、目标而进行合作，共享资源、知识、技术，构成了海洋产业集群网络创新的内在动力；而海洋产业集群网络结构内部和外部存在的各种竞争、环境不确定性、资源的有限性、信息不对称性迫使不同节点展开合作，形成了海洋产业集群网络创新发展的外在动力源泉。

当今，由于产业网络组织—全球价值链在全球范围内的产生，企业和消费者可以获得更多的产品或服务价值，因而，产业之间，产品或服务之间的竞争形式也逐渐朝着全球价值链竞争方向发展。大力提升产业集群创新能力，需要在充分挖掘产业网络内部资源、加强网络内部联系的同时，获取产业网络外部资源并注重加强与外部的联系。

产业唯有坚持转型升级，才能使集群保持旺盛的生命力和强大的竞争力。地方产业网络需要在已有创新能力的基础上，按照全球产业网络的变化灵活作出相应调整，同其他经济行为主体在不同价值链或环节进行互动，发挥自身位置所承担的责任，应用各种价值之间的关系创造、获取更多的价值。网络通过对自身在价值链中的组织方式和嵌入位置作出相应调整来改变价值活动之间的关系，进而提高效率和缩减成本，提升地方产业网络获取价值的能力，增强区域经济的竞争力。

海洋产业集群网络在内源性和外源性两种驱动力下，需要寻求保持网络持续创新和升级的机制和途径。

海洋产业集群网络升级的实质就是海洋产业集群网络创新。通过网络创新获取集群网络的附加值，实现区域海洋产业集群网络中的产品、结构、功能和要素的升级，进而提升区域海洋产业集群网络在全球海洋产业集群网络中的竞争优势。地方海洋产业集群网络通过嵌入全球海洋产业集群网络，在海洋产业价值链上从低端的生产、加工，到高端的设计、研发、品牌等环节实现升级，带动地方海洋产业集群网络在技术、创新力、外联和社会资本方面的升级，更新地方海产业集群网络的知识系统和创新系统，形成自身竞争优势的稳固。

地方海洋产业集群网络创新，一方面需要整合内部已有资源，充分发挥整体优势，以寻求网络升级；另一方面可以联系外部资源，实现嵌入全球海洋产业集群网络的目标。即地方海洋产业集群网络通过购买者和生产者驱动来实现价值获取目标。具体操作方式依据地方海洋产业集群网络自身资源禀赋差异而有所差别。如果采用购买者驱动方式,地方海洋产业集群网络可按照工艺流程创新—产品创新—功能创新—链条转换这一轨迹获取价值;如果采用生产者驱动方式,则可沿着功能创新—产品创新—工艺流程创新—链条转换这一轨迹来获取价值。但这两种创新升级轨迹并非一成不变,可以通过集群网络的技术突破创新而更换。

总之,上述研究从结构维、机制维和动力维三个方面出发建立出系统的三维动态研究框架来研究海洋产业集群网络,进而从网络视角深入系统地研究海洋产业集群式创新的发展理论。从行为、绩效、政策范式、结构等方面对海洋产业集群网络创新机制进行研究,对海洋产业外部网络作用机制进行全球动态研究,对海洋产业集群网络升级机制进行分析探讨,进而建立起地方海洋产业网络升级的机制框架。

14.2 广东传统优势海洋产业集群式创新发展实证研究

14.2.1 湛江现代海洋渔业集群式创新发展的实证研究

广东渔业产业已经是广东海洋产业的支柱产业之一,其中湛江因资源禀赋、地理位置等条件已经初步形成了现代海洋产业的集群发展,以此为例,对广东传统优势海洋产业集群式创新发展理论进行实证研究。

(1)湛江现代海洋渔业集群发展现状、问题及原因分析

第一,湛江现代海洋渔业集群发展现状。

海洋渔业发展方式转变,产业结构初步优化升级。为了同国际海洋渔业发展新趋势,湛江将"深蓝渔业"作为现代海洋渔业结构优化升级的重点,已经成功建设一些以深水网箱养殖模式为主的"海上产业园",已经取得初步规模经济效应,促进了湛江现代海洋渔业的集群发展;科技兴渔初具成效。湛江近些年不断投入科技创新资金,已经建立一批渔业重点实验室、区域水产试验中心,培训了一批专业水产养殖人员,取得了一些渔业科技创新自主知识产权,促进了海洋渔业科技创新体系建设。

第二,湛江现代海洋渔业集群存在着问题。

湛江现代海洋产业集群存在的问题,部分也是整个广东现代海洋渔业集群面临的问题。主要包括:区域协调机制不足,各地资源禀赋不同,却在协作共享环节不够积极,无法发挥区域集群经济的优势;海洋渔业产业链缺失上、下游,需要完善;高端产业发展水平低油气是海洋渔业深加工节点脱节，水产品加工附加值低；资源环境问题突出。因技术创新水平低，环境污染问题严重，涉海企业不能就近区域进行集群发展。

第三，湛江现代海洋渔业集群发展存在问题的原因。

主要原因包括创新能力不足、恶性竞争、人才匮乏和资金链不健全。未来发展进程中，要不断增强科技创新能力，加强与大学、研究机构的合作，借助金融机构和中介结构解决集群创新发展的瓶颈问题，培育文化渔业、科技渔业等高附加值、高技术含量的高端海洋渔业集群网络。

(2) 基于 SCP 理论模型谋求湛江现代海洋渔业集群式创新发展

以波特产业组织理论中的 SCP 为依据，从结构维、机制维和动力维三个维度对湛江现代海洋渔业集群式创新发展进行实证研究。

首先，从结构维度出发进行实证研究。核心网络、辅助网络和外部网络构成了结构维。

立足核心网络分析湛江现代海洋渔业集群式创新发展机制。湛江现代海洋渔业集群内企业众多，如中国水产湛江海洋渔业公司、湛江国联水产开发股份有限公司。这些企业均有自己固定的客户群、供应商和销售链，社会资本雄厚，可以直接从客户群、供应商那里获取关于产品、技术等方面的知识，然后再通过企业内部衍生机制，完善创新知识系统；集群内的企业与企业之间，可以加强沟通和合作，共享知识、技术和社会资源，共同创新。例如，从事远洋渔业的企业和从事现代养殖业的企业就鱼类品种培育方面展开合作，提高养殖的科技含量，降低成本；区域现代海洋渔业集群网络可以通过嵌入世界海洋产业集群网络进行网络创新，形成自身集群创新优势和竞争优势。例如，湛江国联水产开发股份有限公司的产品可以出口到美国、加拿大、日本、韩国、欧盟等众多国家（地区），就可以带动整个现代海洋渔业集群网络融入世界海洋渔业网络，获取国际进出口标准规则、销售链信息、客户购买意向信息等知识，再内化为集群网络内部的创新知识，不断向全球现代渔业价值链的高端靠近，提升价值额和竞争力。

立足辅助网络分析湛江现代海洋渔业集群式创新发展机制。湛江有广东海洋大学这所海洋特色高校，还有多个水产试验中心和基地、海洋经济研究中心，可以为湛江现代海洋渔业集群提供专业人才、技术和知识支持。集群内企业可以充分利用大学、科研机构等智库，提供科研资金，展开长期、稳定的创新合作；在"一带一路"建设、建设海洋强省等战略指导下，湛江市正卯足气力发展现代海洋经济，海洋资金相对充足，海洋金融正热，海洋渔业集群内的企业要抓住机遇，借助海洋资金，进行内部结构优化和技术创新，实现自身的成长和壮大；湛江现代海洋渔业集群正处成长时期，湛江政府部门需要对企业进行政策引导和鼓励，促进集群的发展。

立足外部网络分析湛江现代海洋渔业集群式创新发展机制。湛江现代海洋渔业集群发展面临来自多方的压力，有来自集群内企业竞争的压力，有来自于粤东、粤北地区经济差距拉大的压力，还有来自广西、海南等紧邻海洋经济发展的压力。这些压力的解决需要发挥区域经济优势，保持竞争优势，同时需要不断提升集群整体的创新能力。而提升集群的创新能力，则需要借助集群外部社会资本的力量，就需要与其他集群展开合作，共享资源和优势，也需要嵌入全球价值链获取创新知识、技术，不断改造现代海洋渔业的生产、加工、研发、工艺、知识链，建立高端现代海洋渔业体系。

其次，从机制维度出发进行实证研究。知识扩散平台、竞争机制和激励机制等内容共同构成了机制维。

湛江现代海洋渔业集群内部企业有的规模大，有的规模小，尤其是规模小的企业也许根本无法承担技术创新的成本，那么为了生存，规模小的企业就要加强与规模大的企业之间的联系，通过人员交流、项目合作等方式，从大型企业获取隐性知识，学习大型企业的衍生知识和技术，将学到知识和技术与自身内部结构相结合，进行技术创新，保持竞争能力；大企业亦如此；现代海洋渔业集群内的企业在海洋资源、销售市场、加工工艺等方面都存在竞争，在竞争的压力下，企业不是提高海洋资源利用率，就是提高产品技术含量，要么压低价格以争取客户群等，总之企业为了生存一定要进行改变，这一切最终均依赖企业的技术创新。企业在竞争过程中，不断积累创新知识，不断寻求改进方法，最终完成企业衍生。群际间的竞争亦有如此效果；湛江政府需根据湛江现代海洋产业集群发展阶段制定规则、政策，引导集群的形成、成长、成熟，最后引导衰败的集群内的企业有序退出。

最后，从动力维度出发进行实证研究。动力维涵盖内源性动力和激发性动力两部分。

实际上，动力维由结构维和机制维共同衍生出来的，其对湛江现代海洋渔业集群的创新作用都包括在结构维和机制维的论述中。

14.2.2 深圳现代化滨海旅游业集群式创新发展的实证研究

滨海旅游业已日渐成为我国海洋经济发展的重要产业之一。我国滨海旅游业产业增加值一直呈上升态势，到 2013 年，我国海滨旅游业增加值占据了海洋产业增加值的 34.61%。同时，滨海旅游在我国沿海地区旅游产业中已占据主导地位，并在拉动内需和促进沿海经济发展模式转型中起着不可替代的作用。

滨海旅游业集群有自己独特的资源禀赋优势，是海洋产业集群的特例。由于滨海旅游业集群沿海岸线分布，且海洋风貌因纬度差异而存在区别，因此滨海旅游资源因地区差异而异，从而，滨海旅游资源禀赋差异造成了滨海旅游业集群本身存在着极大差异。广东省是发展滨海旅游业的主要省份，使得研究传统优势海洋产业的集群式创新发展具有可观的意义。而深圳作为海滨城市之一，它优越的自然资源和地理位置逐渐形成现代滨海旅游业的集群发展，所以以此为例，实证广东传统优势海洋产业集群式创新发展的理论。

(1) 深圳现代滨海旅游业集群发展概况、问题及原因分析

第一，深圳现代滨海旅游业集群发展概况。

深圳的旅游企业在近些年发展成经济实力雄厚、管理水平显著、效益良好的企业，为产业体系的完整作出贡献。为推进滨海旅游发展转型，深圳市加强重点旅游项目开发，积极开展太子湾邮轮母港基地、欢乐海岸二、三期项目建设，促进大鹏半岛高端酒店、游艇码头等建设以及小梅沙旅游区的升级改造。还积极引导推进滨海旅游企业经营的创新模式、参与滨海旅游产业园的建立、培养大批旅游从业人员和积极联合各大旅游平台做宣传工作，滨海旅游业规模经济效应的初步形成，促进了现代滨海旅游业的集群式发展。

第二，深圳现代滨海旅游业集群发展存在着问题。

区域机制方面：滨海旅游业集群发展中出现了一些问题，如企业间关联的不协调、不密切的协同与互动，加上缺乏新型的和谐竞争关系等因素，造成产业集群内部机构重叠、协同合作疏散以及区域竞争力低下等问题的产生；而且由于与其他行政区域链接不够，追求短期利益，造成集群产业发展水平低下。产业链方面：旅游酒店的类型缺乏多样化，设施区域分布缺乏合理性，国际竞争力不强；滨海旅游产品需要深度开发；旅行社小而多的特点明显；高端旅游产品种类较少，急切需要进一步开发。产业政策方面，市政府政策支持力度不够，产业发展遇到的新问题不能及时提出相关政策给予扶持。

第三，不利于深圳现代滨海旅游业集群发展的因素。

其一，滨海景点景区的开发缺少长期规划并存在严重的滞后性。目前深圳滨海旅游的发展还在游客观光阶段，其开发建设模式趋同，行政区域内部发展不协调，没有形成相应的规模。总的来说，由于对旅游资源的不充分利用，区域内部协调不足，旅游产品缺乏创新使得现代滨海旅游业集群发展停止不前。

其二，旅游产品的品牌意识薄弱且宣传力度不足。不论是国外还是国内，都有历史悠久、设施齐全，旅游产品多样，市场占有份额较高的滨海旅游城市。深圳滨海旅游起步晚，发展时间不长，住宿、交通等基础设施供不应求，而且没有形成产品优势和特点。另外，对滨海旅游业的宣传不足造成了深圳滨海旅游品牌未能深入人心。

其三，滨海旅游的开发和环境的保护未能同时进行。深圳是现代化城市的标志，是经济快速增长的典范。当地的资源虽然可以带来利益，但对于环境来讲是需要保护的。环保意识薄弱，一定程度上造成了深圳滨海旅游开发生态环境破坏严重，严重影响了当地的生态平衡。

(2) 基于 SCP 理论模型谋求深圳现代滨海旅游业集群式创新发展

以波特产业组织理论中的 SCP 为依据，从结构维、机制维和动力维三个维度对深圳现代滨海旅游业集群式创新发展进行实证研究。

首先，从结构维度出发进行实证研究。

由于现代滨海旅游业是一个特殊产业，核心网络是由开发的旅游资源的政府和企业组成。深圳现代滨海旅游业集群内目前正在开发一些滨海旅游资源，如大小梅沙、明斯克航母世界、海上田园等，近年来一直接待非常多的国内外游客，是深圳重要的滨海旅游景点。自"十二五"规划以来，深圳积极推进大鹏半岛世界级滨海生态旅游区和沿海区域滨海旅游业发展，协同太子湾邮轮母港基地和游艇公共码头共同建设。而这些滨海旅游资源的开发是由投资集团和企业进行的，例如华侨城集团、大鹏新区的投资组织等。这些集团或者组织拥有雄厚的资本，固定的观光群体，与旅行社、住宿行业衔接密切，可从上游行业收集到有关旅游群体更多的资料，特别是观光群的年龄、性别和喜好等，然后通过自身拥有的资源合理筛选，为旅游群体提供或建议更好的休闲方式和休闲场所。集群内的企业与企业之间，企业和集团甚至政府之间可以加强沟通和合作，共享旅游资源和旅客资源，共同发展、共同创新。例如，从事高端酒店的企业和从事度假村开发的企业就客户的偏好或者饮食习惯等进行分享，提高旅客停留的时间，增加更多收益。区域现代滨海旅游业集群网络可以通过嵌入全国或者全球现代滨海旅游产业集群网络进行网络创新，形成自身集群创新优势和竞争优势。例如，例如，深圳与国际性滨海大都市香港靠近，因此要想深圳的滨海旅游业快速发展，必须加强与跨边界之间的联系，特别是要共享大鹏湾、大亚湾、深圳湾和伶仃洋等这些滨海资源，促进深圳香港的一体化发展。深圳东部只有合理协调盐田港发展与旅游岸线之间的关系，增进与香港的合作，才能将大鹏湾和大亚湾建设成现代化国际标准的滨海旅游度假区。深圳中部要想保持产业集群发展的动力，促进深圳融入香港所在的大城市系统乃至全国的重要区域中，必须保护和利用好深圳湾滨海岸线，并与香港合作，大力推进罗湖、皇岗、蛇口等口岸通道的建设。深圳西部滨海地区需要保持人口增长和自然环境友好和谐发展的同时，也要关注与香港之间的互补与竞争，保持服务业、转口贸易和运输业的全面跟进。在与国内国外的滨海旅游地区合作的同时，加强学习对方的资源整合水平、力度等，为提高自身发展做准备。

立足辅助网络分析深圳现代滨海旅游业集群式创新发展的机制。旅游业是综合性强的产业，旅游产品只能满足游客部分需要或者说部分精神的需要，滨海旅游业更是典型。大部分的滨海旅游产品都与所在区域的中心较远，如果没有辅助产业的跟进发展如交通、住宿、餐饮和旅行社等行业的发展，那人们在享受自然环境的时候必然会为自己的衣食住行担心，就不能尽情地享受娱乐。因此，对于现代滨海旅游业来讲，辅助产业的跟进与发展是必不可缺少的一部分。如图14-2所示，随着深圳现代滨海旅游业的发展，深圳的住宿餐饮业与旅行社的发展也是日益增加。

"十二五"期间，深圳对住宿业及餐饮业的政策有利于两者调整结构、提高服务水平、降低成本和增加收益。深圳对滨海旅游区的土地利用及游客增加速度进行评估，从而建设多样化、多水平层次的住宿及餐饮设施，并且积极推进老酒店的改革与高端酒店接轨。旅行社产业的发展也不落后，深圳鼓励本地旅行社与外地大型旅行社接轨并与其合作，建立有效竞

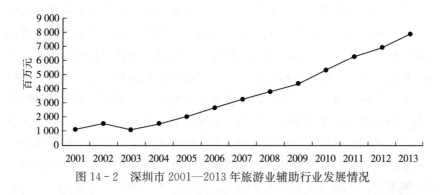

图 14 - 2　深圳市 2001—2013 年旅游业辅助行业发展情况

争机制。旅行社改革自己的经营模式，运用信息共享平台提高管理水平。在此基础上，实行专业分工经营，促进深圳旅行社接待业务的细化。旅游产品的开发者和投资商在产业群内部可以了解到旅客信息，还可以借助住宿餐饮业的从业人员给旅客介绍旅游资源的特色，或者可以合作设置专门的柜台为来旅游的客户解说。在"一带一路"的背景下，深圳着重建设有特色的旅游产品，借助政策导向，提高现代滨海旅游业的稳定持续发展。

　　基于外部网络对深圳现代滨海旅游业集群式创新发展机制进行分析。深圳现代滨海旅游业集群发展面临多方压力，有集群内部不同旅游产品竞争压力，有本地不同区域的产品竞争压力，有粤东、粤西生态环境优美的压力，还有来自其他现代滨海旅游业的压力。缓解这些压力，要不断升级集群内部旅游产品的建设，发挥集群内部旅游资源优势，整合资源提高竞争优势。而提升集群的创新能力，则需要借助集群外部的社会资本力量，与其他集群展开合作，共享资源和优势，也需要嵌入全球价值链获取创新知识、信息技术，不断提升现代滨海旅游业的升级改造。即深圳现代滨海旅游业除了要与珠三角地区在保持竞争原则的前提下合作还要与香港、澳门及台湾深度合作，提高区域旅游产品的知名度。我国资源所有权隶属于国家，因此我国政府政策毫无疑问地直接影响了产业集群的发展。滨海旅游资源由国家控制的，因此我国政策导向作用要比其他国家重要得多。滨海资源开发时需要政府的审批；辅助产业的建设和发展时，为了达到城市的可持续发展，政府会在一定程度上控制进入集群的数量。而且，基础滨海产业集群在某种程度上由企业集聚而成，因此需要政府作出干预调节。深圳现代滨海旅游业的发展离不开政策的支持，所以政府政策的颁布和导向，引导着产业集群内部的旅游产品、住宿行业和旅行社行业等的改造升级，促进集群提高本身的结构优化，产业体系全面。任何企业的建设与发展都需要金融机构的支持，滨海旅游业的发展更是如此。旅游景区一般都具有公共产品属性，大都是回收期限较长的基础设施建设投资。因此，应该拓宽融资渠道，吸引各种投资。既要保证获取政府对旅游基础设施的投资，也要积极引进社会投资，以寻找新的融资方式。最后，深圳及其附近城市有很多大学，旅游景区可以招入大量旅游专业的人才，对于高端的景区可以引进高级管理人才。与深圳大学、暨南大学深圳旅游学院和深圳职业技术学院等院校开展合作，为旅游管理及相关专业的学生提供良好的学习实践平台，不仅解决自身人才缺乏，给这些人才提供工作机会，还可间接利用学校的资源数据库，建立自己的信息平台。

其次，从机制维度出发进行实证研究。

深圳现代滨海旅游业集群内部，旅游产品的开发因拥有不同的滨海旅游资源决定其规模大小，尤其规模较小知名度不高的旅游产品，其管理者根本无法承担获得信息的技术和需要的成本，更不用说要扩大规模。因此为了自身更好的发展，占有旅游资源少的管理者要加强与资源占有多的、规模较大的旅游管理者联系，通过人员交流、资源共享和开发等方式，学习隐性的知识和技术，将学习到的知识与技术与自身内部结构进行匹配应用，进行产品升级，提高自身生存和竞争力。除了建立集群内部信息知识共享平台，也要与集群外部保持密切联系。在政府的政策引导下，加强旅游信息化建设，积极推进旅游景区、住宿与餐饮行业、旅行社和政府管理部门的信息共享。并要在信息技术的帮助下，拓展新领域如旅游信息服务业，给产业注入新鲜活力，扩展产业的辐射范围；加强诸如旅游信息数据库等的基础设施建设等。现代滨海旅游业在旅游资源、旅客数量、与旅行社的远近程度都存在竞争，在这些竞争压力下，旅游景区要么提高自身资源的整合利用程度，打造高端旅游景区，要么改变本地区产业结构，开发新的高端住宿餐饮休闲娱乐场所，要么降低价格竞争旅客数量等。总之，旅游景点为了生存与发展就要进行改进，利用现代技术方法和手段，整合资源和信息，改善经营水平。群际间的竞争也是同样的效果；深圳政府要根据深圳现代滨海旅游业集群发展阶段制定规则、政策，引导集群的形成、成长、成熟，最后最后引导衰败的集群内的企业有序退出。

最后，从动力维度出发进行实证研究。

内源性动力和激发性动力构成了滨海旅游业集群创新发展的动力维。

实际上，动力维由结构维和机制维共同衍生出来的，其对深圳现代滨海旅游业集群的创新作用都包括在结构维和机制维的论述中。

　　总之，深圳现代滨海旅游业的集群创新发展，需要经历不同的阶段，每个阶段的发展都必须有滨海区域的经济支持、政策导向、人才的培养和相关产业的发展相互跟进。根据结构维、机制维和动力维的分析来看，深圳滨海旅游业的发展在集群内部保持竞争优势的前提下，加强与外部景区、相关辅助行业和外部环境的合作。通过现有的技术和信息平台，学习先进的知识和管理方法，结合景区的现状进行改造升级。只有通过互相学习、通力合作，才能提高自身和集群产业的竞争力，实现集群创新发展的目标。

14.3　广东传统优势海洋产业集群式创新发展的政策建议

　　通过对广东传统优势海洋产业集群式创新发展的理论系统的构建、湛江现代海洋渔业集群式创新发展和深圳现代滨海旅游业集群创新发展展开实证研究，可以概括出以下几条政策建议：

14.3.1　坚持政策引导，把海洋产业集群发展摆在战略地位

　　优化、完善和升级海洋产业结构、科学合理地调整海洋产业布局、发展高新技术产业，实现清洁生产，最终实现海洋经济的可持续发展是海洋产业的战略发展目标。因此，只有将致力于海洋产业发展的指导思想、原则与战略性地位紧密结合，将发展产业集群上升到政策高度，才能使产业集群发展的优势得到充分发挥。在推进海洋产业改造升级的进程中，需要充分利用产业集群发展特点和发挥产业集群发展优势，调整集群内部的海洋产业结构，充分有效利用海洋资源，促使集群内部平衡发展，最终推进集群产业所在经济地区的发展。尤其在海洋产业科技创新和自然环境的保护中，更要把产业集群发展理念与相关政策结合起来，在实现海洋产业经济高速发展的同时也可以实现生态绿色发展。

14.3.2　坚持集群优势，建立积极有效的管理机制

　　广东省政府部门在海洋产业规划中发挥着举足轻重的作用，尤其对海

洋相关产业发展的重要决策进行监督。政策的落实关键要看执行力，政策再好，如果没有良好的机制，政策落实不到位，反而阻碍海洋产业集群发展。在政府方面，要建立合理的管理机制，使得海洋项目的审批、利用开发一体化；还要建立科学的监督机制，使的企业在用海时保护生态。在资源配置整合方面，要坚持有形的手和无形的手结合，加大资源整合的水平，充分利用海洋资源。唯有建立起合理有效的机制，才能够更好地将产业集群的优势发挥出来。

14.3.3　完善海洋产业发展体系，拓宽投资和融资渠道

海洋产业的集群发展需要依靠资金支持，因此财政是海洋产业集群发展中不能缺少的一部分。广东省政府各部门要统筹规划好财政的支出幅度，使财政的使用有效合理。还要积极向其他沿海省份甚至西方国家的海洋产业学习，引进市场机制，建立多样的融资方式，吸引更多的资金投入。海洋产业的发展需要长期的基础设施支持，巩固和发展配套基础设施有利于促进海洋产业的健康发展。尤其是防灾体系的建立、交通信息的供应及海洋产业数据库的建立。例如，广东省政府要加强港口的抗灾能力和水平，积极推进各个基础设施的配套建设及后期的维护。

14.3.4　充分发挥区域辐射功能，实现海洋产业集群的系统性

地理区域是海洋产业集群的首要条件，因此要充分发掘集群区域所具备的区位优势，一方面大力开发并保护海洋资源，另一方面积极衍生集群相关产业，提升集群区域的竞争力，促进集群区域经济发展。

14.3.5　实现集群的技术创新，发挥集群的协同效应

集群技术创新能够使集群发展的时间跨度有所延长，并使集群发展的技术层次得到提升；反过来，集群发展的技术创新很大程度上受到集群演进过程的影响。集群网络发展的持久性和稳定性的维护，可以通过在集群内建立知识创新和扩散体系加以维持。

14.3.6　发挥辅助机构的作用，定位政府的政策角色

不论是辅助机构还是政府各部门，一旦集群产生，就更多地在集群发展的过程中扮演服务者角色。辅助机构和政府部门可以为集群创新发展提

供外部社会资本和内部创新知识，起到了创新知识传播者的角色，有效的促进集群的技术创新。

14.3.7　坚持引进专业人才，培养高水平的海洋产业管理者

进入海洋时代，海洋经济在政策、资金等方面的支持下快速发展，因此人才的管理和引进也需要快速健康发展起来。政府要制定相应的政策，使得海洋产业注重人才的培养和引进，构建合理的人才结构，促进海洋产业专业化发展；还要积极推进海洋企业与高校合作，使得高校了解集群产业的需要，培养不同专业技能的人才。集群内部也要建立健康有效的人才激励制度，使人才各尽其用，各尽其能。

总之，海洋产业集群区域创新系统的建立可以促使广东海洋产业由低成本集群转向创新集群，而波特产业组织理论中的 SCP 模型可以为广东传统优势海洋产业集群式创新的发展提供可行的理论方案。

第 15 章　广东海洋战略性新兴产业培育发展的理论与实证研究

15.1　海洋战略性新兴产业的概念与属性

15.1.1　海洋战略性新兴产业的概念界定

海洋战略性新兴产业，将海洋新兴产业和战略性新兴产业的本质内容深度融合，是海洋科技创新和海洋经济发展的方向标。海洋战略性新兴产业的发展立足于高新技术成果的产业化，以发展海洋高科技为基础，依托巨大的市场需求，对海洋经济的可持续发展发挥着战略导向性作用，能有效促进海洋产业结构的优化和升级。

海洋战略性新兴产业具有战略前瞻性、环境友好性、产业关联性高、依靠高科技支撑、市场潜力巨大、资源综合利用、与陆地经济密切融合、高投入和准公共性等特征。

15.1.2　海洋战略性新兴产业的属性分析

从海洋战略性新兴产业的概念和特征可以概括归纳出海洋战略性新兴产业具备了以下几大属性：

第一，海洋战略性新兴产业具有战略前瞻属性。海洋战略性新兴产业的战略前瞻性表现在海洋战略性新兴产业发挥着引领海洋经济发展方向、带动海洋产业结构优化升级和提升海洋产业竞争力等作用。不仅可以节约海洋产业发展所需的海洋资源，而且可以为海洋产业发展提供高新科技支撑，是国家海洋战略意图表征化的产业。

第二，海洋战略性新兴产业需要依赖高科技对其进行支撑。一方面，海洋展战略性新兴产业本质上是一种知识、技术、资金密集型的产业，能够持续推动产业发展所需的技术创新，并优化海洋产业结构，即为科技支撑性；另一方面，发展海洋战略性新兴产业需要以高新技术作为依托，立足于高科技成果产业化，因此不断吸收高新技术成果，突破关键核心技术，并将核心技术成果高效转化为自身产业发展所用，是保持自身产业持续稳定发展的关键。这个过程亦能辐射带动其他产业发展，通过产业交流会、产业间合作等方式，直接和间接地传播和扩散高科技创新知识，带动其他产业发展及相关的技术创新，从而促使海洋产业结构优化升级，海洋资源配置效率有效提升，最终促进海洋经济的发展。

第三，海洋战略性新兴产业具备较高的产业关联属性。海洋战略性新兴产业的高科技支撑性带动了其他产业及相关产业的发展，同时与其他产业及相关产业之间存在着竞争合作关系，因而对其产生较强的带动性和引导性。由于海洋战略性新兴产业的产业链条较长，要想完善自身的产业体系，就需要完善产业链，带动上下游产业发展；海洋战略性新兴产业的高新技术密集性与创新知识和资金密集性能够保证海洋战略性新兴产业逐步向主导产业靠拢，直至最终成为主导产业。这个过程中，必须与当前主导产业和其他产业产生竞争，为了在竞争中生存、获胜。目前，主导产业和其他产业也必须不断突破关键核心技术，优化升级内部产业结构，建立创新知识系统，如此潜移默化提升了全部产业的竞争力和结构优化能力；海洋战略性新兴产业因其技术密集、知识密集、资源节约性、资金密集等先天优势，在与其他产业及相关产业竞争中存在相当优势，但要想发展为主导产业，除了自身先天特性，还需具备主导产业应当具备的其他属性，因为海洋战略性新兴产业还需与其他产业及相关产业进行长期合作，在保持自身竞争优势的前提下，继续汲取创新知识，嵌入全球产业链高端，促进海洋战略性新兴产业向主导产业的转化，并带动相关产业发展。

第四，海洋战略性新兴产业具有巨大的市场潜力。在市场经济条件下，生产者和消费者地位同等，产品必须流通到消费群体手里消费掉才能创造经济价值。于是，海洋战略性新兴产业必须寻找广阔的产品需求市场，并保持需求增长以及维持市场需求的稳定性和持续性，这样才能保证海洋战略性新兴产业自身的持续稳定发展。海洋战略性新兴产业自诞生起就具备了资源友好性和高科技支撑性等特征，顺应当前产业发展趋势，又因高技术附加值、高附加值，符合市场经济发展的经济效益需求，因此海洋战略性新兴产业的发展前景广阔且发展空间巨大。

第五，海洋战略性新兴产业具备新兴产业的属性。这是海洋战略性新兴产业的基本属性和落脚点。新兴产业孕育了海洋战略性新兴产业，海洋战略性新兴产业的发展历程具备了新兴产业发展历程的一般属性。目前海洋战略性新兴产业发展仍处在技术攻坚阶段，即产业发展的幼儿时期，发展尚不成熟，无法在市场占有一席之地。然而这不表示在未来海洋战略性新兴产业不能突破关键核心技术、不能成为市场的新宠，因此加块技术创新就成为海洋战略性新兴产业当前的首要任务，在加块技术创新的同时还需要拓展市场空间，不断壮大自己，为今后成为主导产业积攒力量。

第六，海洋战略性新兴产业具有海洋归属性。海洋战略性新兴产业融合了新兴产业和海洋产业的双重特性，因此难以避免地具备了海洋归属性。世界是一个紧密联系的整体，但不因为陆地的相邻，而因海洋的牵引，海洋使世界成为一个不可分割的整体。21世纪是海洋的世纪，相隔了几个世纪的海洋争霸又将上演。但此次争霸却不是面对面的刀光火影，而是不约而同地在陆地资源开发濒枯的情况下转向海洋资源的开发与保护，寻求依靠海洋资源进行发展的海洋经济，如海洋科技、海洋知识、海洋生态等。如此背景下诞生的海洋战略性新兴产业继承了海洋的开放性和外向性，成为了关联度和渗透力强且辐射度高的海洋产业。因为这些属性，海洋战略性新兴产业也应具备完善的横向和纵向产业链，借助高新技术的力量，拉动全国海洋经济、全球海洋经济的发展。

以上关于海洋战略性新兴产业的概念、特征以及属性的探讨，可用于指导广东海洋战略性新兴产业的选择与培育。

15.2 广东海洋战略新兴产业培育发展的理论体系构建

在利用海洋战略性新兴产业概念、特征和属性进行指导的基础上，以雷达分析模型为基础，选择和培育广东海洋战略性新兴产业，并从综合维度、过程维度、政策维度三个维度构建海洋战略性新兴产业的培育基模，建立海洋战略性新兴产业培育发展的理论体系。

15.2.1 基于综合维度的广东海洋战略性新兴产业培育系统研究

市场培育体系、科技培育体系和法规培育体系是构成基于综合维度的战略性新兴产业培育系统的三个组成部分。分别论述如下：

首先，市场培育体系研究。由于市场是海洋战略性新兴产业科技创新的动力源泉，因此解决市场培育问题便成为首当其冲的问题。市场中包括了科技创新所需的知识、人才、技术、设备、资金，市场还可以提供生产、消费空间，因此海洋战略性新兴产业必须要集中力量争夺市场高地，才能获取市场资源，发掘市场潜力，为未来产业增长提供充足的"粮食"。在海洋战略性新兴产业发展的初期，必须要处理和协调好市场和政府在资源配置中的关系。企业作为市场主体，海洋战略性新兴产业的发展必须要发挥市场的导向性作用，同时注重发挥市场在资源配置中的基础性作用，充分利用市场资源，加大资金投入，增加海洋科技创新力度，积极为海洋产业的发展创造资本、人才和消费市场。

其次，科技培育体系研究。科学技术是第一生产力，对于以高新技术作为支撑的海洋战略性新兴产业来说，科学技术创新就显得尤为重要。一定要加强涉海企业与大学、科研机构、政府之间的关系，充分利用大学、科研机构的知识、人才和设备，借助政府规制和资金扶持，集中各方力量进行海洋科学技术创新，建立海洋知识创新体系，提升高新科技成果的产业化效率，促进和带动海洋战略性新兴产业的发展。同时，政府应完善相关海洋知识产权的保护体系，并建立海洋产业风险投资机制，降低投资风险。

最后，法规培育体系研究。俗话说，无规矩不成方圆。海洋战略性新兴产业的诞生、发育、成长、成熟，乃至衰退都需要政府法律法规的保护、支持、引导、协调与规制。目前，国家和各级地方政府都已出台了一系列关于发展海洋经济和海洋产业方面的政策，其中，完善技术创新、人才政策、完善财政金融扶持政策、改革投融资环境等措施，对海洋战略性新兴产业的培育和发展都具有重大意义。法律法规政策除了对海洋战略性新兴产业的培育和发展进行鼓励、支持和引导，也对海洋战略性新兴产业技术创新、扩大市场等环节中所出现的恶性竞争等不良的市场行为进行调节和规制，从而保证海洋战略性新兴产业的健康和有序发展。

15.2.2　基于过程维度的广东海洋战略性新兴产业培育系统研究

海洋战略性新兴产业发展的过程就是海洋战略性新兴产业从无到有、从弱小到壮大、从不完善到完善的过程，基于过程维度的海洋战略性新兴产业培育系统可以根据海洋战略性新兴产业的不同发展阶段的不同需求对其进行培育，"依病开方，对症下药"，有针对性的调整和安排培育活动。海洋战略性新兴产业产生之初，技术创新条件、资金条件尚不完善，如此就无法打开市场局面，无法汲取外部的创新知识和社会资本，根基就不稳固，所以在初期要选择重点项目进行培育。重点项目的选择则依据相应的原则、指标，有优胜劣汰的过程，作出选择之后就要搜集资料，梳理资料，与时俱进的提出项目目标，进行项目立项；成功立项后，就要集中资源去完成，其过程中难免碰到关键技术瓶颈问题，要想进行关键技术攻关，就必须有专业人才，所以需要培育科研攻关人才，在成功解决关键技术瓶颈问题之后，还要进行科技评估，量化其价值，为攻击技术产权提供保障；完成关键科技攻关并不是最终目的，只是产业发展链条的关键一环。海洋高新科技是海洋战略性新兴产业发展的基础和依托，海洋战略性新兴产业的持续发展和壮大需要依靠海洋高新科技成果的实际应用直至最终完成产业化的最终成果；高新科技成果产业化过程需要在市场中完成，科技需要应用到产业生产、流通、消费的过程中才能实现其价值。运用高新科技从事生产工作，生产高附加值的产品和革新生产工艺流程，推动产业链由低端向高端发展，打造品牌、工艺、研发、设计和服务等高端特色、高附加值的生产链和价值链；一条完整的生产链，不以消费环节结尾是不完善的。再好的产品也需要进入消费市场才能实现劳动价值向资本价值的转换，所以海洋战略性新兴产业最终还需要通过产业链的完善、产业结构的优化和升级，占据广阔的市场和潜力市场才能完成产业的社会化，才能走向成熟，形成一个完整无缺的产业培育流程。

15.2.3 基于政策维度的广东海洋战略性新兴产业培育系统研究

经济基础决定上层建筑，上层建筑反映经济基础且具有相对独立性。上层建筑可用于服务先进的经济基础，以促进经济基础的发展。海洋战略性新兴产业作为一种新生事物，它具有高科技、高附加值、高产业关联属性，代表海洋产业发展潮流和趋势，某种程度内涵先进的生产力。在海洋战略性新兴产业的发展过程中，政策可以发挥引导、鼓励和支撑作用，服务于战略性新兴产业的发展。产业政策包括从中央到地方的纵向政策体系、地方各级政府的横向政策体系，还包括政府各部门针对某具体产业经济问题的逻辑层面的政策系统。三种政策系统紧密联系，动态循环，共同作用于海洋战略性新兴产业的培育和发展过程。

横向政策、纵向政策和逻辑层面的政策三者交互发挥作用，且三者都可用于扶持海洋战略性新兴产业的发展。海洋战略性新兴产业属于技术和资金密集型产业，且研发海洋高新技术需要大量的资金投入。在产业发展初期，海洋战略性新兴产业规模经济尚未形成，相关企业资金链也不足以满足企业技术创新的需求，于是，政府在产业发展初期非常有必要对产业的发展进行财政扶持。政府已经设立节能减排、可再生能源等专项资金用于扶持海洋战略性新兴产业的发展，设立海洋战略性新兴产业相关科研活动专项资金、实施新兴产业创投计划、对海洋战略性新兴产业提供税收优惠政策和优先采购制度。海洋战略性新兴产业专项资金配合使用其他政策，可大力推动海洋战略性新兴产业的发展壮大；海洋产业科技创新需要大量资金，政府的金融政策就犹如雪中送炭，一方面，政府在主动进行财政投入的同时，也引导民间资本参与海洋战略性新兴产业发展；另一方面，在设立海洋新兴产业专项资金的同时建立健全海洋自然灾害保险制度，全力支持和鼓励海洋战略性新兴产业的发展；政府对海洋战略性新兴产业发展的引导和扶持主要是通过制定并出台各项产业政策进行的。一方面，政府不断因地制宜地完善海洋产业组织政策，规制恶性竞争、完全垄断行为，引导海洋产业健康、良性发展。另一方面，政府不断出台有助于优化海洋战略性新兴产业结构的政策，明确产业发展的主次顺序及各产业间的合理关系，促进海洋战略性新兴产业链的全面完善。

以上就是海洋战略性新兴产业的培育系统模型，该培育系统理论的真正意义在于在具体区域的海洋战略性新兴产业的培育中切实应用，以此促进培育进程的科学持续发展，反过来也检验和完善培育理论体系。

15.3　广东海洋战略性新兴产业培育发展实证研究

15.3.1　广东海洋生物医药产业培育发展实证研究

海洋生物医药产业是海洋战略性新兴产业中的一种，随着全球对健康问题的重视，加之海洋生物资源的丰富性以及不断创新的海洋高新技术，海洋生物医药产业的市场容量和市场需求量急剧增加，呈现出广阔的发展前景。

海洋生物医药产业作为广东三大海洋战略性新兴产业之一，对建设海洋经济强省具有巨大的助推作用，因此应大力培育海洋生物医药产业的发展。

（1）基于综合维度培育广东海洋生物医药产业

海洋生物医药产业市场培育体系。广东有著名的"海洋科技一条街"，依此中心，已经总共聚集了 22 家海洋生物医药企业，这些医药企业涵盖化妆品、化工品、医药、海洋生物制品、生物科技、饲料等多个海洋生物相关产业节点，促进了产业链条的完善。广东中大南海海洋生物技术工程中心有限公司，它依托中山大学进行海洋科技创新，将海洋高新技术融入传统海水养殖、加工作业中，研发海洋养殖、海洋生物制品和海洋药物的发展所需的海洋高新技术，并促成科技成果成功进行产业化，已经孵化出包括汉坤生物、康乐生物等在内的一大批海洋生物技术型创新企业，并与海大集团、海王集团、恒兴集团等国内生物技术龙头企业展开合作，共享海洋科技资源和海洋科技知识，形成了具有国际竞争力的海洋生物医药产业集群，辐射带动珠海、湛江、汕头、深圳等地海洋生物医药产业的发展。在完善消费市场方面，要提高政府和消费群体的购买力，完善海洋生物医药产业的资本、贸易、金融市场。

海洋生物医药产业科技培育体系。广东已经建成一批海洋科技基地，包括广州、深圳国家生物产业基地建设、华南现代中医药城、中山国家健康科技产业基地等，进行海洋生物科技攻坚研究，如海洋药物在重大疾病治疗方面的潜力研究；培育海洋生物共性技术；建设了一批海洋生物医药技术示范基地，如依托中山大学、中国科学院南海海洋研究所、中国水产科学研究院南海水产研究所、广东省海洋与渔业局、国家海洋局南海分局、广东海珠海洋生物技术产业开发示范基地等。大力研发海洋生物医药高科技，培育海洋生物医药科技园，进行海洋生物医药集群，抢占国际海洋生物医药产业制高地。

海洋生物医药产业法规培育体系。《广东海洋经济发展"十二五"规划》明确指出，积极培育和发展海洋生物医药产业，加速研发海洋药物及生物功能制品、生化制品，研发海洋微生物产品，大力发展高科技、高附加值的海洋生物医药新产品、海洋保健品和海洋生物制品，重点研发抗肿瘤、抗心脑血管疾病、抗病毒的海洋创新药物产品，引导、支持和鼓励海洋生物医药产业的发展。目前，广东急需编制完备的《广东海洋战略性新兴产业培育规划》，提高海洋生物医药产业的技术标准水平，规范海洋生物医药产业市场竞争行为和涉海行业的进出口机制，规范海洋战略性新兴产业的发展。

(2) 基于过程维度培育广东海洋生物医药产业

海洋生物医药产业隶属海洋战略性新兴产业大类，属于海洋新兴产业，发展起步较晚，具有从幼小到壮大的发展过程特性，所以也遵循选择重点项目—关键科技攻关—市场化—社会化的发展规律。按照《广东海洋经济发展"十二五"规划》规定，目前广东海洋生物医药产业的重点建设项目主要包括海洋药物、海洋生物功能制品、海洋生化制品、工业海洋微生物产品等方面，所以各海洋生物医药企业要选择以上几类相关的海洋科技研发项目进行科技立项，利用政府的财政税收和金融融资方面的财力支持，积极与广东省内的高校、海洋生物科技研究机构展开海洋生物医药的关键科技攻关合作，将海洋生物医药关键核心技术的最终研发成果应用于海洋药物、海洋生物功能制品、工业海洋微生物产品、海洋生化制品等项目中，生产高科技含量、高附加值的海洋生物医药新产品、海洋保健品和海洋生物制品，重点应用到抗肿瘤、抗心脑血管疾病、抗病毒等海洋创新药物中，顺利实现海洋生物医药关键核心科技的高效产业化。通过提高政府和消费群体的购买，打开国内外海洋生物医药市场，完成海洋生物医药产业的市场占有率，保持海洋生物医药产业的持续、稳定增长。反过来，随着海洋生物医药关键科技的攻关，海洋生物医药企业内部就已经潜移默化地完成了企业衍生，其结果是，整个海洋生物医药产业完成了产业的完善、优化和升级，拓展和拥有了未定的市场份额，这一切将促成海洋生物医药产业的社会化进程。

（3）基于政策维度培育广东海洋生物医药产业

目前，我国和广东省各级政府并没有出台海洋战略性新兴产业培育政策，但是在"十二五"规划"一带一路"、海洋强省、海洋产业等相关政策中，提到了海洋战略性新兴产业的发展目标以及有关扶持措施，这些措施包含了对海洋生物医药产业的扶持政策。

政府要在财政政策方面向海洋生物医药产业倾斜，在海洋生物医药技术科研和海洋生物医药攻坚技术方面设立专项科研资金，对海洋生物医药企业实施优惠措施，建立海洋生物医药科技园和核心技术研究基地，鼓励海洋生物龙头企业发挥辐射带动作用。

政府在金融政府方面，制定广东海洋生物医药政策性金融项目，大力发展金融信贷，商业银行据海洋生物医药产业高资金需求加大信贷支持力度，积极推动适合海洋生物医药产业的多元化信贷产品的开发，构建全方位的资金投入金融体系；政府引导、支持和鼓励民间资本对海洋生物医药产业投资，促进投资主体多元化，推动海洋生物医药产业发展。

以上就是广东海洋生物医药产业培育的实证研究，海洋战略性新兴产业培育发展可能面临的挑战在研究过程中难以避免，如：尚未编制成熟的完整的海洋战略性新兴产业培育相关的法律法规；海洋类综合大学、科研机构不多，对口技术人才的培养速度无法满足海洋战略性新兴产业发展的需求；产业资金链不足等问题。总之，海洋战略性新兴产业的培育和发展任重而道远。

15.3.2 珠海海洋工程装备制造业培育发展实证研究

随着社会的进步和经济的发展，海洋工程装备制造业作为海洋经济的中流砥柱，海洋工程装备制造业的发展对海洋经济发展正发挥着越来越重要的推动作用。

我国作为一个海洋大国，珠海作为一个临海城市，海洋事业的发展是其发展的重要组成部分，海洋事业的进步，离不开海洋工程装备的制造，对于其需求量也日益增大，壮大和培育海洋工程制造业越发急迫，海洋工程装备制造业的培育和发展显得尤为重要。

(1) 基于综合维度培育珠海海洋工程装备制造业

第一，系统培育体系。

海洋工程装备制造业系统培育体系。珠海是海洋工程装备制造业的重要培育和发展基地，濒临港澳特别行政区的区域优势为海洋工程装备制造业的发展提供了巨大的需求市场。在珠海，珠江江口是大规模的造船基地，高栏也拥有较全国而言较大的造船规模和海洋工程制造基地，两地发展迅速并努力将自己打造成为全国一流的造船基地，进而实现海洋产业向前进步。我国是一个海洋大国，珠海市又是个临海城市，以海洋事业为重，珠海的海洋工程装备制造业起步于20世纪80年代，但是最近几十年却取得了飞速的进步和发展，如三一集团造船业、番禺珠江钢管有限公司、中国海洋石油工程股份有限公司等，他们的崛起巨大扩大了珠海海洋制造业的市场，但是许多产品是从国外进口，所以对于高技术的产品生产来说还有很大的进步空间。欧美临海国家是海洋工程装备制造业方面技术先进遥遥领先，想要打造一流水平的海洋工程装备制造业，还需要借鉴和学习国外的先进技术和经验。

第二，科技培育体系。

珠海目前已经建成一批海洋科技基地，如珠海万山海洋开发试验区深海生态养殖基地、深海油气资源开发装备研究、高栏港经济区港口集疏运体系、南海天然气陆上终端、万山海洋卫星定标检验场、中海油海工深水海洋工程装备制造基地、东澳岛智能微电网、三一重工海洋工程项目等一些大力构建海洋工程装备制造业的科技基地，珠海的企业如雨后春笋般的发展极大的推动科技的发展和进步。珠海地大物博，石油的产量在全国中所占的比重大，海洋石油有巨大的国内市场，但是市场还有很大的开发空间，将海洋工程装备制造业推往更高的层面，拓宽市场，为海洋工程装备制造业开辟国际化道路。珠海鼓励大规模的高科技企业发展，珠海的海洋股份有限公司是集高科技高水平的领头羊，给中小型规模的企业起了很好的模范引导作用，通过先起带动后起，最终实现珠海的共同繁荣和共同进步。

第三，法规培育体系。

国家政府制定了相应的法律法规体系以保障海洋工程装备制造业健康稳定地发展，并且制定相应的政策激励机制来提高政策的可执行性，以此作为强制性法律法规的补充手段。就地方政府而言，珠海市委政府根据当地的实际情况，更深层次制定和规范珠海的海洋工程装备制造业的生产行为，市场行为和经营制度，使海洋工程装备制造业规范有序的进行，此举既在诠释执行国家政策的同时，又是珠海的行政规章的完善。政府高举海洋强国伟大旗帜，制定出台资金和海洋人才政策，明确从事海洋开发工作中当事人的权利和义务，积极的引导保障珠海工程装备制造业的稳定快速发展，珠海市贯彻落实国家的政策法规和制度，保证法律法规的有效贯彻和实施，使珠海市的经济更上一层楼。

（2）基于过程维度培育珠海海洋工程装备制造业

基于海洋工程装备制造业的生产过程的复杂性，生产中需要繁琐的程序和多方面的共同参与，一个环节的不稳定，会导致其他部门的正常运行。为避免此问题的出现，保证整流程的顺利实施，实现利益最大化，生产流程中的信息一致、数据同步、资源共享显得尤其重要。珠海本着部门协同，专业协同，流程协同的原则，对珠海的海洋工程装备制造业进行的流程进行规范和协同，保证了产品的研发、营销、生产、制造、服务的统一和协调，最终实现珠海的海洋工程装备制造业可持续协调生产，实现产业的完善、优化和升级。

（3）基于政策维度培育珠海海洋工程装备制造业

2012 年以来，为积极响应我国海洋强国和海洋兴国的伟大倡导。国家制定和出台了多项鼓励性政策支持海洋工程装备制造业的发展，为海洋工程装备制造业创造良好的生存和发展环境。

政府在财政政策方面,"十二五"以来,我国的海洋石油开发成为关注的重点,巨资投注相比"十一五"多出了一倍,众多海洋工程装备制造商可从中获取巨额利润。国家支持珠海的造船业的发展,引导社会的融资,加大资金投入,鼓励一系列的工业体制改革,技术创新,从而缩小成本,增大利润,调整结构,推动整个造船业的发展。珠海是石油的重点开发地区,在"十二五"之后,政府颁布政策鼓励石油开发机制,把海洋石油产业的提升到一个战略意义,政府积极开发高技术高含量的油田,为珠海的海洋经济再做贡献。

政府在金融政策方面,为支持海洋工程装备制造业的成长壮大,国家强制要求银行等金融机构要围绕其健康发展给予金融支持,对于海洋工程装备制造业中的技术改造工程、创新工程、技术创新和盈利不够的企业给予贷款扶持和金融支持。给中小型企业相应的抵押或股权融资支持,对于大规模的成熟期的海洋工程装备制造业来说,发挥金融的风险承担和预测能力,利用股权发行和债券融资降低风险成本和资金成本,通过大型金融企业对海洋工程装备制造业的资金担保和信贷支持解决资金困难。外籍银行也考虑在经济利益最大化基础上,将利率降到最低,谋求双方互利共赢。

15.3.3 深圳海洋现代服务业培育发展实证研究

十八大召开以来,沿海省市都在为实现海洋强国和海洋兴国的伟大战略而努力,作为我国海洋战略性新兴产业的重要战略产业之一,海洋现代服务业具有举足轻重的战略意义,发展海洋现代服务业成为发展海洋事业的主要任务之一。深圳市是经济试点城市,党和国家的正确方针,使得其经济迅速增长,各行各业均取得了骄人的成绩,海洋现代服务业作为海洋战略性新型产业,在深圳也发展迅速,但是仍有很大的拓展空间,对其的培育更是迫在眉睫。

(1) 基于综合维度培育深圳海洋现代服务业

深圳市经济发展迅速,综合实力迅速增长,是我国的经济开发试点城市,并且取得了巨大的成功,经济水平已经达至全国前列,居于大中城市前列。深圳市的现代服务业的发展已经初具规模,深圳与中山两地从2013年合作以来海洋现代服务业的合作加深和频繁,两地关系密切,现中山相继在深圳举办了促进合作交流的洽谈会，深圳集团的现代服务企业在中山开办，双方相互交流，努力实现双赢并最终实现共同进步共同发展。海洋现代服务业作为中国海洋战略性新兴产业之一，是深圳市经济发展的重要支撑，有着远大的发展前景和广阔的发展空间。现在的深圳海洋现代服务发展已经涵盖有安全服务、健康保障、旅游服务、交通服务等一系列的服务行业。海洋经济不仅局限于海洋第一产业的发展，更加关注新兴产业的发展，开发创新海洋领域不仅是深圳市的责任和义务，最大限度地增加海洋利益更是海洋强国政策下每个省市所必须承担的责任和义务。经济是生活水平，服务是生活质量，只有在物质基础发达的前提下才能，提高生活质量，深圳市作为一个现代化大都市在海洋现代服务业发展方面对全国的起了一个很好的模范带头作用。深圳与香港的文化和经济合作均取得了显著成绩，深化合作，建立友好的合作伙伴关系，实现共同发展。构建稳定的极具竞争力的海洋战略性新兴产业模式，加强海洋现代服务产业在深圳的综合经济发展中的引擎作用，实现深圳经济的健康和可持续发展。

（2）基于过程维度对深圳海洋现代服务业进行培育

深圳市有良好的地理位置和丰富的资源来发展海洋现代服务行业，深圳与香港澳门隔海相望，地理位置优越，对外开放市场好，市场和前景较为广阔。首先，深圳借鉴和学习外来的先进的经验和发展模式，取之精华，去之糟粕，在彰显深圳独有的文化特色和地域风情的基础上，打造海洋旅游业特色和服务特色，注重旅游和服务的品质。其次，不断完善旅游结构模式框架，提高发掘研制旅游产品的能力。最后，产业的推广和宣传，组建完善的产业结构模式，扩大市场规模。目前，虽然海洋现代服务行业在深圳发展良好，但是仍有很大的进步空间，深圳打破制约海洋现代服务行业发展的局限，大力发展高水平、高质量的海洋现代服务行业，充分有效利用海洋剩余资源，最大限度地提升海洋经济效益。深圳市委书记提出要建设一个高技术的海洋制造，高质量的服务产业，把海洋服务业和海洋制造放在同等重要的位置，足以彰显海洋服务行业已经上升到一个战略性地位，是深圳的经济发展的一个不可忽视的方面。经济越是发达，海洋现代服务行业越是壮大，深圳的海洋现代服务行业区别于传统行业，重点放在了高度发展阶段，满足人们的需求，而不仅仅是为别人提供吃穿住行，更加彰显的是现代科技水平和技术知识价值。海洋现代服务业不仅环境污染少，而且资源浪费少，规模日益增加，总量在不断地增加，同时效益也在提高，深圳的海洋现代服务行业主要是以信息和知识的价值为主导，成为深圳经济新的支撑点。发展海洋现代服务业可以降低污染，减少浪费并有效促进经济转型。深圳的海洋现代服务行业具有较强的承担风险的能力，并且有较强的产业基础，为深圳的海洋现代服务业提供有力的支撑。

(3) 基于政策维度培育深圳海洋现代服务业

海洋现代服务行业是国家海洋战略性新兴产业之一，发展时期相对较短，服务行要必须以强大的经济基础作为支撑，而深圳市就是成功的经济试点城市之一，具有海洋现代服务行业发展的温床，但是也离不开国家的制度保障，深圳的海洋现代服务行业在全国遥遥领先，离不开政府的支持和政策体制的保驾护航，正确科学的政策体制是深圳海洋现代服务行业的保障，主要体现在以下几个方面：

政府的人才政策，海洋现代服务行业作为新兴的海洋产业之一，深圳专业人才的不足和人才机制的不健全，极大地阻碍了其进步发展，制约了其创新进步，无论在哪个行业，人才都是中流砥柱的作用，对其发展起着不容小觑的作用。政府鼓励支持海洋人才的培育，支持国内高校培养相关专业的高科技人才，并且重视外来高科技人才的引进，来发展海洋现代服务行业。国家政府积极培养高端人才，构建完整专业人才的培养和引进机制，构建人才的需求和供给信息体系，实现新兴产业供需平衡。

政府的资金扶持政策，"十二五"之后，国家重视海洋新兴产业的发展，政府部门支持和倡导金融机构对中小型企业的贷款和金融支持，鼓励和支持中小企业的发展壮大，强调基础设施和公共安全设施建设，降低风险成本和金融成本，为深圳的海洋现代服务业健康稳定的发展奠定坚实的物质基础。政府支持构建健全的海洋资金使用制度，加大海洋的治理和保护资金，引导大型的企业进行融资，减小可能面临的资金风险，构建预测风险的完美机制，相关的政府部门分担必要的资金缺陷，并成立相应的担保机构，为海洋现代服务业的健康稳定发展保驾护航。

资源是海洋服务行业发展的重要支撑，政府的资源保障政策使海洋现代服务业在海洋经济中占据着举足轻重的地位。自深圳1979年成为经济特区试点城市以来，取得成功，发展迅速，经济发展水平在中国首屈一指，得天独厚的资源是深圳迅速发展不可小觑的部分。政府部门颁布一系列政策，发展深圳特色经济，在独有的特色的基础上打造国际化标准的城市，保留原有的资源基础，科学利用将资源发挥其尽可能大的作用。建立健全环境、物质和人力资源体系，最终促进深圳科学快速稳定地发展。

15.4　广东海洋战略性新兴产业培育的政策建议

通过对广东海洋战略性新兴产业培育发展的理论系统的构建、以广东海洋生物医药产业培育发展、珠海海洋工程装备制造业培育发展、深圳海洋现代服务业培育发展的实证研究，针对广东海洋战略性新兴产业培育发展，可以给出以下几条政策建议：

15.4.1　急需制定海洋战略性新兴产业专业的培育法律法规

从中央到地方，需要一套详备、及时的海洋战略性新兴产业培育法规，各级地方政府可以因地制宜细化中央政府的海洋战略性新兴产业培育法规，如此进行海洋战略性新兴产业的产业布局和结构优化，避免重复建设和恶性竞争问题，促进海洋战略性新兴产业发展壮大。

15.4.2　加快建设海洋科技创新平台

海洋战略性新兴产业是高科技含量产业，所以海洋科技持续创新是其生命力所在。要充分利用国家、省市和各地区的海洋科技基础条件，合理、优化配置海洋科技资源，建立政产学研合作模式，形成海洋科技创新联盟。加强关键海洋科技攻关，争取海洋科技创新的自主知识产权，实现海洋科技成果产业化，建立全方位的科技创新体系；加强与世界优势海洋经济国家的海洋科技交流与合作。

15.4.3　大力发展海洋教育事业

海洋战略性新兴产业也是知识密集型产业，其海洋技术创新和成果转化都离不开海洋科技人才的支撑。在全省范围内整合和优化配置海洋教育资源，建立海洋科学体系健全的科研院校；支持省内大专院校设立海洋类学科，培育海洋专业人才；进行海洋科研机构集群，优化集群结构，提高集群创新能力，为广东海洋经济发展提供充足的人才力量。

15.4.4　建立和完善有利于海洋产业发展的投融资机制

海洋战略性新兴产业更是资金密集型产业，对资金需求量大，同时具有高风险性、周期性长的特点，产业发展离不开充足的流动资金。政府自身要大财政扶持力度，并给予税收优惠；政府要利用风投的吸引力，引导民间资本和金融机构投资海洋战略性新兴产业。通过多方面的努力，促进海洋战略性新兴产业资本市场体系的建立，为其发展提供充足的财力物力。

15.4.5　积极打造海洋战略性新兴产业的核心竞争力

海洋战略性新兴产业是新兴的海洋产业，其发展时期较短，发展潜能大，发展空间较大，我国要打造国际水平的海洋产业，必须有核心的竞争力作为引擎。在广州，海洋战略性新兴产业并没有形成尖锐的竞争力和完善的生产流程体系，这些突出性的问题给广州带来了极大的机遇和挑战。紧跟国际步伐，开阔市场，加强对外合作，积极借鉴学习国外的先进文化知识，站在国际的视角上，和前沿技术水平并肩，善于发现创新点和知识点，和国际高科技水平合作，逐渐形成具有广东特色的核心竞争力。企业与企业之间进行公平的竞争，可以细化成为个人与个人之间的竞争，依据个人对产业的贡献进行奖励，从而提高个人的工作热情和工作积极度，有助于行业的快速发展，提高个人的竞争力从而形成产业的核心竞争力。

15.4.6　构建海洋战略性新兴产业的产业标准体系

海洋战略性新兴产业是新起行业，很多新技术新产品并未有良好的定性标准，市场混杂，以海洋战略性新兴产业中的高端技术水平和高技术的企业为主参与制定产业生产的标准，以生产高端的高科技的具有国际化水准的产品为目标，激励和引导中小规模企业的快速进步，给中小型企业做好模范带头作用，信息共享，拥有提升的主动权，最终实现共同繁荣发展。

15.4.7　建立完善的宣传和民众普及机制

大力宣传和普及海洋战略性新兴产业的知识和技能，让新兴产业更快的被民众接受，使新产品新行业普遍化简单化。大力普及海洋工程装备制造业、海洋现代服务业和海洋生物医药产业等的知识，通过媒体或大众更容易接受的渠道进行宣传普及，让大众对其有个基本的了解和认识，了解海洋战略性新型产业对于国民经济总产值的至关重要的意义和作用，从而提高对于海洋战略性新兴产业的兴趣和投入。海洋战略性新兴产业的管理人员和从业人员，要积极发现海洋战略性新兴产业的最新前沿动态，掌握其最新的技术，了解到海洋战略性新兴产业的战略意义，为发展具有国际化水平的海洋战略性新兴产业添砖加瓦。

15.4.8　加强国际合作和对外合作的力度

广东省位于我国大陆的最南端，濒临香港、澳门，优越的地理位置让广东的对外开放有很大的市场发展空间，近年来，广东与香港的合作取得了显著成功，也为广东省和其他沿海省市的合作起了很好的模范带头作用，迎来了生机勃勃的发展繁荣。广东省要加强与其他沿海省市海洋合作，彼此学习和交流，实现文化技术方面互通共赢，实现共同繁荣。

总之，海洋战略性新兴产业的培育需要一个良性的系统，包括关键技术支撑系统、健康的市场环境以及完善的政府制度措施，需要政府、市场和企业互相配合，共同合作来完成。海洋战略性新兴产业的培育是一项长期工程，是一个动态系统，雷达分析模型只提供一种产业培育体系的理论参考，具体实施过程还要与时俱进、因地制宜。

参 考 文 献

阿尔弗雷德·韦伯. 工业区位论 [M]. 北京：商务印书馆，1997.

敖玉兰. 我国沿海地区经济发展的新方向——蓝色经济发展模式 [J]. 理论探讨，
　　2015 (1)：99 - 102.

白福臣，贾宝林. 广东海洋产业发展分析及结构优化对策 [J]. 农业现代化研究，
　　2009 (4)：419 - 422.

曹受金，徐庆军，朱玉林，陈学军. 国外产学研合作模式比较研究及启示 [J]. 中南
　　林业科技大学学报（社会科学版），2010 (3)：84 - 87.

常建坤. 技术创新推进我国传统产业升级改造 [J]. 中国流通经济，2006 (5)：
　　38 - 42.

常立侠，唐焕丽. 广东海岛旅游开发新视角：世界知名旅游岛对广东海岛开发的启示
　　[J]. 海洋开发与管理，2015 (7)：59 - 62.

常玉苗. 我国海洋产业集群发展测度及创新发展研究 [J]. 中国渔业经济，2013
　　(2)：100 - 105.

陈丙先，林江琪. 中国—东盟自由贸易区背景下广西海洋经济发展研究 [J]. 广西社
　　会科学，2014 (12)：74 - 79.

陈长江. "十二五" 后期江苏海洋产业转型升级的思考 [J]. 盐城师范学院学报（人
　　文社会科学版），2013 (3)：24 - 29.

陈凤娣. 财政支持福建海峡蓝色经济试验区建设研究 [J]. 福建论坛（人文社会科学
　　版），2014 (10)：152 - 157.

陈昊. 山东半岛蓝色经济区传统海洋优势产业提升研究 [D]. 青岛：中国海洋大
　　学，2013.

陈红霞，赵振宇. 浙江省海洋科技创新能力提升对策研究 [J]. 科技管理研究，2014
　　(15)：62 - 65.

陈明宝，韩立民. 蓝色经济区建设的运行机制研究 [J]. 山东大学学报（哲学社会科
　　学版），2010 (4)：83 - 87.

陈丕茂. 广东发展海洋休闲渔业的问题与对策 [J]. 新经济，2014 (25)：25 - 31.

陈秋玲，于丽丽. 我国海洋产业空间布局问题研究 [J]. 经济纵横，2014 (12)：
　　41 - 44.

陈荣. 海西海洋产业发展的金融支持研究 [J]. 宁德师范学院学报（哲学社会科学

版），2014，109（2）：31－34.

陈万灵，李权昆．广东渔港功能分区布局的理论构想［J］．海洋开发与管理，2004（1）：43－46.

陈晓峰，邢建国．集群内外耦合治理与地方产业集群升级——基于家纺产业集群的例证［J］．当代财经，2013，338（1）：102－110.

陈烨．沿海三大经济区海洋产业与区域经济联动关系比较研究［D］．青岛：中国海洋大学，2014.

陈颖．内蒙古资源型产业转型与升级问题研究［D］．北京：中央民族大学，2012.

陈颖．内蒙古自治区的资源型产业转型与升级问题研究［D］．北京：中央民族大学，2012.

陈勇．从鹿特丹港的发展看世界港口发展的新趋势［J］．国际城市规划，2007（1）：58－62.

程斐，陈建平，张良．日本海洋科学技术中心技术发展现状［J］．海洋工程，2002（1）：98－102.

程海燕，韩杨．基于产业链的海水利用影响因子分析［J］．海洋开发与管理，2007（5）74－76.

程娜．可持续发展视阈下中国海洋经济发展研究［D］．长春：吉林大学，2013.

程雪梅．广西北部湾经济区产业集群发展金融支撑研究［M］．南宁：广西大学出版社，2012.

仇保兴．小企业集群研究［M］．上海：复旦大学出版社，1999.

慈雯惠．基于内生型产业集群的山东半岛蓝色经济区创新系统研究［D］．青岛：中国海洋大学，2013.

道格拉斯·诺思．历时经济绩效［J］．经济译文，1994（60）.

邓岳，李明昌．天津中心渔港建设对海域环境的影响分析［J］．中国水运（下半月），2014（11）：199－200.

董观志，王卉．广东滨海旅游产业园创新发展战略研究［J］．中国商贸，2012（31）：187－189.

董红荧．全球价值链背景下地方产业集群升级路径与对策［J］．经济研究参考，2013（59）：78－79.

董辉．广东实现海洋经济强省的挑战、机遇与对策［J］．惠州学院学报（社会科学版），2013（2）：45－49.

董夏兰．湖北省高校在产学研合作中对策研究［D］．武汉：武汉工程大学，2012.

董翔宇，王明友．主要沿海国家海洋经济发展对中国的启示［J］．环渤海经济瞭望，2014（3）：21－25.

杜军．基于产业生命周期理论的海洋产业集群式创新发展研究［J］．科技进步与对策，2015，12（24）：56-61.

杜军．广东参与海上丝路建设方略［J］．开放导报，2016，4（2）：28-32.

杜军．基础设施互联互通能否促进区域经济增长——来自我国 11 个沿海省份的经验证据［J］．当代经济管理，2017（11）．

杜军，李从东．基于灰色系统理论的行业 R&D 资源结构对 GDP 贡献率的关联度分析［J］．科技管理研究 2009，5（5）：187-189.

杜军，宁凌，胡彩霞．基于主成分分析法的我国海洋战略性新兴产业选择的实证研究［J］．生态经济，2014（4）：103-109.

杜军，鄢波．基于"三轴图"分析法的我国海洋产业结构演进及优化分析［J］．生态经济，2014，1（1）：132-136.

杜军，鄢波．港口基础设施建设对中国-东盟贸易的影响路径与作用机理--来自水产品贸易的经验证据［J］．中国流通经济，2016，6（6）：26-33.

杜军，鄢波．我国沿海省份海洋经济效率评价研究［J］．农业技术经济，2016，6（6）：47-55.

杜军，鄢波．广东海洋产业集群集聚水平测度及比较研究［J］．科技进步与对策，2016，4（7）：57-62.

杜军，鄢波．从商业机构的视角看我国海洋与渔业灾害风险防范［J］．经济研究参考，2013，9（49）：53-58.

杜强．推进福建海洋生态文明建设研究［J］．福建论坛（人文社会科学版），2014（9）：132-137.

段鹏琳．舟山群岛新区海洋生物医药产业发展研究［D］．舟山：浙江海洋学院，2013.

段鹏琳．舟山群岛新区海洋生物医药产业发展研究［D］．舟山：浙江海洋学院，2013.

发挥金融支撑作用 助推海洋经济发展示范区建设［J］．浙江金融，2011（4）：1.

范力．中马钦州产业园区建设 21 世纪海上丝绸之路先行园区的战略构想［J］．东南亚纵横，2014（10）：20-25.

方景，清张燕歌．基于循环经济理念的海洋产业集群发展问题研究［J］．海洋开发与管理，2009（2）：102-106.

方景清，张燕歌，王圣．基于循环经济理念的海洋产业集群发展问题研究［J］．海洋开发与管理，2009（2）：101-106.

符正平．论企业集群的产生条件和形成机制［J］．中国工业经济，2002（10）：20-26.

傅加荣．消费需求结构是产业结构演进的根本动因［J］．消费经济，1997（2）：22-26.

高凯．澳大利亚海洋科技进展综述［J］．全球科技经济瞭望，2009（9）：66 - 72.

辜胜阻．转型与创新是后危机时代的重大主题［J］．财贸经济，2010（8）：91 - 95.

顾劲松，于江．借鉴欧洲模式加快辽宁海洋生物医药研究与开发［J］．中国科技论坛，2008（2）．

顾自刚．发达国家海洋经济发展经验对浙江的启示［J］．宁波广播电视大学学报，2013，（2）：25 - 27.

广东省社会科学院海洋经济研究中心，广东新经济杂志社课题组．广东省滨海旅游业调研报告之二：广东滨海旅游业的发展问题、发展潜力与发展对策［J］．新经济杂志，2011（8）：78 - 83.

韩立红，孙佩龙．山东省海洋渔业产业集群发展探析［J］中国渔业经济，2013（2）：112 - 118.

韩明杰．黄河三角洲临港产业集群发展研究［D］．济南：山东财经大学，2012.

何国民，曾嘉，梁小芸．牧场化——现代海洋渔业的方向［J］．渔业现代化．2003（5）：4 - 6.

何天华．广东省现代渔业发展政策执行中的问题与对策研究［D］．广州：华南理工大学，2014.

贺武，刘平．海洋战略性新兴产业的发展路径选择［J］．经济导刊，2012（6）：86 - 87.

贺炎民．福建省临海重化工业集聚的实证分析［D］．福州：福建师范大学，2013.

洪昌．中国战略性新兴产业的选择及培育政策取向研究［J］．科学学与科学技术管理，2011（3）：87 - 92.

侯晓静．我国传统海洋优势产业发展战略及国际借鉴——以海洋渔业为例［D］．青岛：中国海洋大学，2012.

胡庆谷．上海临港产业区的发展及其基本经验［J］．港口经济，2013（7）：39 - 43.

胡月妹，卞如濂．海洋是个天然药物宝库［J］．科技通报，1986（1）．

黄磊．吉林省传统产业转型升级问题研究［D］．长春：吉林大学，2013.

黄龙生，高琛．我国滨海旅游区空间分布格局研究展望［J］．安徽农学通报，2013，19（23）：92 - 93.

黄霓．粤鲁浙海洋经济发展比较［J］．新经济，2011（11）：72 - 76.

黄瑞芬，苗国伟．海洋产业集群预测——基于环渤海和长三角经济区的对比研究［J］．2010（3）：132 - 138.

黄瑞芬，王佩．海洋产业集聚与环境资源的耦合分析［J］．经济学动态，2011（2）：39 - 42.

黄霄．国家级中心渔港——洋口港荒置滩涂生态恢复改造初探［J］．科技信息，2012（23）：202 - 203.

黄晓.产业集群问题最新研究评述与未来展望［J］.软科学，2013，27（1）：5-9.

霍炎.我国加工贸易产业转型升级问题研究［D］.昆明：云南财经大学，2010.

纪玉俊.基于空间集聚与网络关系的海洋产业集群形成机理研究［J］.产业经济，2013（6）：1-6.

纪玉俊.我国的海洋产业集聚及其影响因素分析［J］.中国海洋大学报，2013（2）：8-13.

贾根良，评佩蕾斯.技术革命金融危机与制度大转型［J］.经济理论与经济管理，2009（2）：511.

江玲.深圳市高端旅游创新发展模式及创新策略探析［J］.深圳职业技术学院学报，2014（4）：23-28.

姜秉国，韩立民.海洋战略性新兴产业的概念内涵与发展趋势分析［J］.太平洋学报，2011（5）：76-82.

姜江，盛朝迅，杨亚林.中国战略性海洋新兴产业的选取原则与发展重点［J］.海洋经济，2012，（1）：21-26.

姜江.主要发达国家发展战略性新兴产业的情况及对我国的启示［J］.领导之友，2010（5）：10-12.

姜霞.高新技术产业集群持续发展的动力机制及实证研究——以武汉东湖高新区光电子信息产业集群为例［J］.改革与战略，2014，253（9）：115-118，135.

姜旭朝，方建禹.洋产业集群与沿海区域经济增长实证研究——以环渤海经济区为例［J］.中国渔业经济，2012（3）：103-107.

姜旭朝，刘铁鹰.海洋经济系统：概念、特征与动力机制研究［J］.社会科学辑刊，2013（4）：72-80

姜旭朝，王静.美日欧最新海洋经济政策动向及其对中国的启示［J］.中国渔业经济，2009（2）：22-28.

蒋秉国.中国海洋战略性新兴产业国际合作领域识别与模式选择［J］.中国海洋大学学报，2013（4）：7-12.

蒋甜甜，周兆立.蓝色金融——山东半岛蓝色经济区发展的助推器［J］.现代商业，2011（11）：58-60.

金炜博，高强，于水仙.浙江省海洋产业集聚实证研究［J］.产业经济，2010（12）：225-226.

金贻郎，林乾良，等.舟山地区海产药用动物初步调查报告［J］.浙江中医学院学报，1980（3）.

居占杰，李宏波，黄康征.广东海洋战略性新兴产业发展的SWOT分析［J］.改革与战略，2013（5）：72-77.

克鲁格曼.地理与贸易［M］.北京：北京大学出版社，2000.

克鲁格曼.市场结构和对外贸易政策——报酬递增、不完全竞争和国际贸易［M］.
　　上海：上海三联出版社，1993.

库兹涅茨.各国的经济增长［M］.北京：商务印书馆，1985：111.

乐家华.对发展现代渔业的几点思考［J］.中国渔业经济，2010（4）：18－23.

李大海，潘克厚，韩立民.我国海水养殖业的发展历程［J］.中国渔业经济.2005
　　（6）：11－13.

李岱素.广东省部产学研战略联盟合作机制研究［J］.中国科技论坛，2010（1）：
　　38－41.

李丹.我国产学研合作模式的创新研究［D］.郑州：河南师范大学，2013.

李放，冯艳红，栾曙光，于红.中国东南沿海中心渔港和一级渔港合理布局方法的研
　　究［J］.大连海洋大学学报，2013（5）：511－514.

李健华.关于加快推进现代渔业建设的思考［J］.中国渔业经济，2010（2）：5－12.

李晶，刘小峰.福建省海洋战略性新兴产业发展路径研究［J］.农业经济问题，2012
　　（2）：103－107.

李岚.国外典型案例对横琴新区海洋生态文明示范区建设的启示［J］.科技创新与应
　　用，2014（7）：296－297.

李莉，周广颖，司徒毕然.美国、日本金融支持循环海洋经济发展的成功经验和借鉴
　　［J］.绿色经济，2009（2）：88－91.

李敏菲，吕龙德.从区域分布看中国海工［J］.广东造船，2015（1）：10－12.

李青，张落成，武清华.江苏沿海地带海洋产业空间集聚变动研究［J］.海洋湖沼通
　　报，2010（4）：106－110.

李权昆.从产业群视野看渔港经济区建设［J］.开发研究，2005（1）：82－85.

李诗争，张小雪.我国最终消费需求对产业结构变动影响数量分析［J］.合作经济与
　　科技，2007（7）：38－39.

李双建，于保华，魏婷.美国海洋管理战略及对我国的借鉴［J］.国土资源情报，
　　2012（8）：20－25.

李斯敏.产业集聚测度方法的研究综述［J］.商业研究，2008（379）：64－66.

李文增，王刚，等."十二五"时期加快我国战略性海洋新兴产业发展的对策研究
　　［J］.海洋经济，2011（4）：13－17.

李新男.创新"产学研结合"组织模式 构建产业技术创新战略联盟［J］.中国软科
　　学，2007（5）：9－12.

李星，范如国.产业集群内创新行为涌现与创新决策过程演化分析［J］.现代财经：
　　天津财经学院学报，2013，281（6）：112－119.

李勋来，李慧.基于波士顿矩阵的山东海洋产业竞争力研究［J］.青岛科技大学学
　　报，2011（4）.

李轶敏．我国特色产业集群创新机制研究——以海洋产业为例 [J]．学术论坛，2011
（2）：123－127.

李莹迪．舟山港口物流发展模式创新与选择 [D]．舟山：浙江海洋学院，2014.

李珠江，朱坚真．21 世纪中国海洋经济发展战略 [M]．北京：经济科学出版
社，2007.

栗清振．海洋油气勘探开发的新特点 [J]．国外测井技术，2008（4）：76.

连琏，孙清，陈宏民．海洋油气资源开发技术发展战略研究 [J]．中国人口资源与环
境，2006（1）：66－70.

梁琦．产业集群论 [M]．北京：商务印书馆，2004.

林平凡，刘城．构建港口优势 加快广东临海产业集群发展 [J]．新经济，2014（7）：
52－54.

林强．蓝色经济与蓝色经济区发展研究 [D]．青岛：青岛大学，2010.

林文翰．我国海洋生物的药学研究思考 [J]．中国天然药物，2006（1）：10－14.

刘赐贵．加强海洋生态文明建设 促进海洋经济可持续发展 [J]．海洋开发与管理，
2012（6）：16－18.

刘德军．以开放促进蓝色经济区建设 [J]．全球化，2013（4）：39－45.

刘洪滨．韩国海洋产业的发展战略 [J]．海洋开发与管理，2009（10）：26－28.

刘慧，黄秉杰，杨坚．山东半岛蓝色经济区海洋生态补偿机制研究 [J]．山东社会科
学，2012（11）：142－145.

刘慧，吴晓波．信息化推动传统产业升级的理论分析 [J]．科技进步与对策，2003
（1）：52－54.

刘佳，李双建．新世纪以来美国海洋战略调整及其对中国的影响述评 [J]．国际展
望，2012（4）：61－68.

刘佳，李双建．世界主要沿海国家海洋规划发展对我的启示 [J]．海洋开发与管
理，2011（3）：1－5.

刘堃，韩立民．海洋战略性新兴产业形成机制研究 [J]．农业经济问题，2012（12）：
90－96.

刘堃．中国海洋战略性新兴产业培育机制研究 [D]．青岛：中国海洋大学，2013.

刘启强，何静，罗秀豪．广东产学研技术创新联盟建设现状及存在问题研究 [J]．科
技管理研究，2014（9）：31－34.

刘晓晖．杏树国家级中心渔港建设中加快"三优转换"的调查与思考 [J]．大连干部
学刊，2010（1）：54－55.

刘友金．论集群式创新的组织模式 [J]．中国软科学，2002（2）：71－74.

刘聿铭．天津市海洋产业集聚影响经济增长的机制分析 [D]．天津：天津师范大
学，2012.

柳杰．产业集群的创新机制研究［J］．经济研究，2005（9）：43－45．

卢长利．国外海洋科技产业集群发展状况及对上海的借鉴［J］．2013（6）：43－45．

卢秀容．论水产企业"走出去"的贸易式模式——以湛江国联水产开发股份有限公司为例［J］．广东海洋大学学报，2012，32（5）：53－57．

鲁文．两大明星闪亮山东现代渔业［N］．中国渔业报，2014－12－22．

陆立军，白小虎．从"鸡毛换糖"到企业集群［J］．财贸经济，2000（11）．

骆大伟．国外产学研合作模式及对我国的借鉴意义分析［J］．今日科苑，2009（24）：28－29．

马海龙．天津加快发展海洋经济的对策建议［J］．现代商业，2015（5）：87－88．

马吉山．区域海洋科技创新与蓝色经济互动发展研究［D］．青岛：中国海洋大学，2012．

马克思，恩格斯．马克思恩格斯全集（第1卷）［M］．北京：人民出版社，1995．

马克思．资本论（第1卷）［M］．北京：人民出版社，2004．

马歇尔．经济学原理：上卷［M］．北京：商务印书馆，1964．

迈克尔·波特．国家竞争优势［M］．北京：华夏出版社，2002：30－44，64－121．

毛伟，居占杰．广东省战略性新兴海洋产业布局研究［J］．河北渔业，2013（1）：43－45．

孟航．经济发展方式转变与民族地区产业转型升级［J］．社会科学家，2012（10）：54－58．

孟嘉源．中国海洋电力业的开发现状与前景［J］．山西能源与节能，2009（2）：41－54．

倪国江．基于海洋可持续发展的中国海洋科技创新战略研究［D］．青岛：中国海洋大学，2010．

宁璟．产学研联盟模式比较研究［D］．北京：北京交通大学，2008．

宁凌，杜军，等．基于钻石模型的我国海洋战略性新兴产业定性选择研究［J］．广东海洋大学学报，2015（2）：14－21．

宁凌，王桂花．海洋战略性新兴产业培育的理论研究综述［J］．科技管理研究，2013（24）：108－113．

宁凌，杨敏．试点省份海洋战略性新兴产业培育比较研究［J］．五邑大学学报，2014（2）：74－79．

宁凌，张玲玲，杜军．海洋战略性新兴产业选择基本准则体系研究［J］．经济问题探索，2012（9）：107－111．

宁修仁，刘诚刚，郝锵，等．海水养殖业资源与环境的可持续发展［J］．海洋学研究，2007（3）：75－82．

诺斯．经济史中的结构与变迁［M］．上海：上海三联书店，1991．

彭玮，葛新权．国外产学研联盟运行模式及其对我国的启示［J］．科技管理研究，2011（1）：89－92．

彭宇文．产业集群创新动力机制研究评述［J］．经济学动态，2012（7）：77－81．

钱俊杰，张宇飞，郑汝楠．全球化背景下的产业集群与发展中国家区域经济发展［J］．经济研究导刊，2012，149（3）：226－228，287．

钱纳里，塞尔奎因．发展的型式：1950—1970［M］．北京：经济科学出版社，1988．

乔治．浅析我国加工贸易产业转型和升级的内涵［J］．四川经济管理学院学报，2008（3）：38－40．

冉承宁，孙云潭，等．发挥青岛海洋优势 做强临港产业集群［J］．青岛行政学院学报，2005（1）．

荣浩．滨海旅游产业集群企业生态位测评及竞合策略研究——基于广东江门的实证分析［J］．学术论坛，2014，278（3）：67－71，87．

阮卓婧，陈骏宇．海洋产业集群创新绩效的实证研究——基于二阶段网络 DEA 模型［J］．产经透视，2013（5）：52－55．

桑俊，易善策．我国传统产业集群升级的创新实现机制［J］．科技进步与对策，2008（6）：74－78．

深圳市文体旅游局．深圳市旅游业发展"十二五"规划［EB/OL］．（2012－01－18）．［2016－4－23］．http：//www．szwtl．gov．cn/showPinfoPage．action？guid＝{CB5B2D36－FFFF－FFFF－EDE2－B1B100000030}．

沈明球，周玲，郝玉．我国海水综合利用现状及发展趋势研究［J］．海洋开发与管理，2010（7）：23－27．

师银燕，朱坚真．论广东省海洋产业发展与产业结构优化［J］．海洋开发与管理，2007（2）：147－152．

石秋艳，宁凌．我国海洋生物医药产业发展现状分析及对策研究［J］．宜春学院学报，2014（6）：1－3．

宋炳林．美国海洋经济发展的经验及对我国的启示［J］．吉林工商学院学报，2012（1）：26－28．

宋宁而，姜春洁．日本海洋环境教育及其对我国的启示［J］．教学研究，2011（4）：9－14．

宋蔚．中国现阶段海洋渔业转型问题研究［D］．青岛：中国海洋大学，2009．

孙宝强．产业升级理论研究中的争论与反思［J］．天津商业大学学报，2011（4）：56－62．

孙慧慧．山东省沿海渔港布局研究［D］．青岛：中国海洋大学，2009．

孙加韬．国海洋战略性新兴产业发展对策探讨［J］．产业观察，2010（33）：115－125．

孙加韬．中国海洋战略性新兴产业发展对策探讨 [J]．产业观察，2004（3）：33－40．

孙建富，吕丹风，王博．"十二五"辽宁渔业发展面临的机遇与挑战 [J]．辽宁经济，2012（6）：69－72．

孙建军，胡佳．欧亚三大港口物流发展模式的比较及其启示——以鹿特丹港、新加坡港、香港港为例 [J]．华东交通大学学报，2014（3）：35－41．

孙凯，冯梁．美国海洋发展的经验与启示 [J]．世界经济与政治论坛，2013（1）：44－58．

田甜．广东省海洋产业集群化发展研究 [D]．湛江：广东海洋大学，2014．

汪长江．世界典型港口物流发展模式分析与启示 [J]．经济社会体制比较，2012（1）：218－223．

王宝运，冯怡．金融支持与山东半岛蓝色经济区建设 [J]．山东社会科学，2010（7）：101－103．

王辉．产业集群网络创新机制与能力培育研究 [D]．天津：天津大学，2008．

王缉慈．创新的空间：企业集群与区域发展 [M]．北京：北京大学出版社，2001．

王军，林晓红，史云娣．海湾开发与生态环境保护对策探讨——日本东京湾发展历程对青岛的借鉴 [J]．中国发展，2011（4）：5－8．

王君．传统产业升级的动力机制研究 [D]．杭州：浙江财经学院，2013．

王琳．滨海旅游业可持续发展问题透析 [J]．海洋开发与管理，2008（2）：106－109．

王宁．辽东半岛海洋经济区海洋产业集群研究 [D]．大连：辽宁师范大学，2008．

王书明，张曦兮．生态文明视域下的海岸带综合管理——山东半岛"蓝黄"经济区生态文明建设研究 [J]．中国海洋大学学报，2014（1）：31－37．

王晓萍．国际经验对宁波临港工业发展的启示 [J]．经济论坛，2007（24）：33－35．

王治平．产业集群的集聚因素和动力机制的框架分析和政策建议 [J]．商业时代，2014（3）：130－131．

王芐萱．我国渔港经济区产业集群发展研究 [D]．青岛：中国海洋大学，2011．

王卓．国外海洋经济发展新战略及对我国的启示 [J]．理论观察，2013（4）：45－46．

魏洁文．基于 SCP 范式的浙江省饭店产业组织优化研究 [J]．旅游学刊，2008（7）：56－61．

魏守华，石碧华．论企业集群的竞争优势 [J]．中国工业经济，2002（1）．

文艳，倪国江．澳大利亚海洋产业发展战略及对中国的启示 [J]．中国渔业经济，2008（1）：79－82．

吴健鹏．广东省海洋产业发展的结构分析与策略探讨 [D]．广州：暨南大学，2008．

吴迎新，陈平，李静，等．广东建设海洋经济强省的优势、问题和对策［J］．新经济，2014（7）：49－52.

吴芷静．产业集群企业技术创新的网络化结构与作用机制分析［J］．商业时代，2012（15）117－118.

夏玉伟．山东省多功能渔港构建问题研究［D］．青岛：中国海洋大学，2013.

祥荣，朱希伟．专业化产业区的起源与演化［J］．经济研究，2002（18）.

向晓梅．我国战略性海洋新兴产业发展模式及创新路径［J］．广东社会科学，2011（5）：35－40.

肖海辉．珠三角与长三角港口物流竞争力比较研究［D］．广州：广东商学院，2011.

筱原三代平．产业结构论［M］．北京：中国人民大学出版社，1990.

谢力群．浙江海洋经济发展示范区建设回顾与展望［J］．浙江经济，2014（15）：6－8.

谢子远，闫国庆．澳大利亚发展海洋经济的经验及我国的战略选择［J］．中国软科学，2011（9）：18－29.

熊勇清，李世才．战略性新兴产业与传统产业良性互动发展：基于我国产业发展现状的分析与思考［J］．科技进步与对策，2011（5）：54－58.

徐丛春，宋维玲．基于波士顿矩阵的广东省海洋产业竞争力评价研究［J］．特区经济，2011（2）：35－37.

徐嘉蕾，李悦铮．日本海洋经济经营管理模式、特点及启示［J］．海洋开发与管理，2010（9）：67－69.

徐敬俊．海洋产业布局的基本理论研究暨实证分析［D］．青岛：中国海洋大学，2010.

徐康宁．开放经济中的产业集聚与竞争力［J］．中国工业经济，2001（11）.

徐谅慧，李加林，马仁锋，等．浙江省海洋主导产业选择研究——基于国家海洋经济示范区建设视角［J］．华东经济管理，2014，28（3）：12－15.

徐胜，李振华，张鑫．环渤海经济圈海洋产业与区域经济关联性研究［J］．经济管理，2011（4）：54－60.

徐胜，杨娟．山东省海洋产业集群发展对策研究［J］．中国渔业经济，2012（1）：101－106.

徐质斌．中国海洋经济发展战略研究［M］．广州：广东经济出版社，2007.

许罕多，罗斯丹．中国海洋产业升级对策思考［J］．中国海洋大学学报（社会科学版），2010（20）：43－47.

许惠英．美国产学研合作模式及多项保障措施［J］．中国科技产业，2010（10）：72－75.

亚当·斯密．国民财富的性质和原因的研究［M］．北京：中国华侨出版社，2011.

杨瑾．科技引领海洋生态环境恢复建设的对策研究 ［J］．海洋开发与管理，2013 （11）：64－67.

杨娟．现代海洋产业体系内涵及发展路径研究 ［J］．商业研究，2013 （4）：48－51.

杨启稳，常泽军．滨海旅游城市农业发展的对策研究 ［J］．河北科技师范学院学报 （社会科学版），2011，10 （3）：27－30.

杨尚宝．关于我国海水利用产业发展的政策思考 ［J］．宏观经济研究，2006 （12）：40－44.

杨书臣．近年日本海洋经济发展浅析 ［J］．日本学刊，2006 （2）：75－84.

杨同玲．山东高校产学研合作持续发展对策研究 ［D］．济南：山东师范大学，2012.

杨现茹，黄瑞芬．环渤海圈海洋产业集群技术溢出效应分析 ［J］．海洋开发与管理，2010 （9）：88－92.

鄢波，杜军．中国-泰国农产品贸易现状及竞争力分析 ［J］．广东农业科学，2017，6 （6）：159－168.

鄢波，杜军．中国-新加坡自由贸易区经济效应分析 ［J］．广西财经学院学报，2017，10 （5）：48－63.

杨岩．港口物流与临港工业协同发展研究 ［D］．武汉：武汉理工大学，2009.

杨雨，秦松．海洋生物制药现状及展望 ［J］．中国生物工程杂志，2005 （1）：190－193.

杨子江．关于广东现代渔业建设的对话 ［J］．中国渔业经济，2008 （2）：102－112.

姚丽娜．现代海洋渔业发展战略研究——以舟山海洋综合开发试验区为例 ［J］．管理世界，2013 （5）：180－181.

姚远，邓爱红，张淑芳．建设湛江现代海洋产业体系的对策研究 ［J］．河北渔业，2011 （2）：50－56.

叶向东．着力提升发展福建海洋现代服务业 ［J］．消费导刊，2015 （11）：48－50

叶影霞．广东省港口建设现状及发展趋势分析 ［J］．科技信息，2011 （20）：77－78.

伊恩·克雷斯韦尔．海洋给澳大利亚带来财富 ［N］．青岛日报，2009－08－12.

尤振来、刘应宗．产业集群的概念及辨析 ［J］．科技管理研究，2008 （10）：262－264.

于婧，陈东景．海洋新兴产业研究进展综述 ［J］．海洋开发管理与研究，2012 （3）.

于姝晖．临港工业发展模式研究 ［D］．福州：福建师范大学，2007.

余国扬，方中权，吕拉昌．广东产学研联盟发展分析 ［J］．科技管理研究，2009 （12）：64－66.

俞虹旭，余兴光，陈克亮．海洋生态补偿研究进展及实践 ［J］．环境科学与技术，2013 （5）：100－104.

俞树彪，阳立军．海洋产业转型思路与对策初探 ［J］．产业发展，2009 （4）：

23-27.

郁鸿胜. 发达国家海洋战略对中国海洋发展的借鉴 [J]. 中国发展, 2013 (3): 70-75.

约瑟夫·阿·熊彼特. 经济发展理论 (中文版) [M]. 北京: 商务印书馆, 1990: 73-74.

曾丹. 区域传统产业转型决策理论及模型研究——基于战略性新兴产业培育视角 [D]. 长沙: 中南大学, 2011.

曾丹. 区域传统产业转型决策理论及模型研究 [D]. 长沙: 中南大学, 2011.

曾伟鹏. 区位优势与临港产业集聚 [D]. 天津: 南开大学, 2012.

曾忠禄. 产业集聚与区域经济发展 [J]. 南开经济研究, 1997 (1).

詹懿. 再工业化背景下西部传统产业升级研究 [J]. 现代经济探讨, 2012 (2): 51-55.

张博. 我国海洋渔业转型的运行机制研究 [D]. 青岛: 中国海洋大学, 2011.

张偲. 我国海域利用对于海洋经济增长的影响研究 [J]. 电子测试, 2015 (18): 107-108.

张广海, 邢萍, 刘泮印. 我国滨海旅游发展现状研究 [J]. 科技信息 (学术版), 2007 (2): 74-75.

张海梅. 广东传统产业转型升级的困境与出路 [J]. 经济与经济管理, 2009 (5): 115-118.

张惠民, 张西瑞, 陈会克, 等. 湖北省、广东省和四川省现代渔业考察报告 [J]. 河南水产, 2014 (2): 7-9.

张金艳. 美、日典型区域开发与生态保护经验及其对我国的启示 [J]. 学术交流, 2012 (4): 87-90.

张景全. 日本的海权观及海洋战略初探 [J]. 当代亚太, 2005 (5): 35-40.

张其仔. 比较优势的演化与中国产业升级路径的选择 [J]. 中国工业经济, 2008 (9): 58-68.

张善坤, 李克川, 苗永生, 应志仁, 楼向辉, 徐红艳. 海洋经济发展示范区建设: 快马加鞭不下鞍——记浙江海洋经济发展示范区建设工作取得阶段性成效 [J]. 浙江经济, 2013 (13): 16-18.

张善坤. 恰是风劲扬帆时——浙江海洋经济发展示范区建设三年回眸 [J]. 今日浙江, 2014 (4): 20-22.

张希瑜. 产业集群的创新机制研究 [M]. 北京: 北京交通大学出版社, 2012.

张亿平. 广东省发展海洋战略性新兴产业的对策 [J]. 广东广播电视大学学报, 2012 (5): 25-28.

张泳. 国家创新体系背景下的产学研一体化: 理论探讨与实证研究 [D]. 青岛: 中

国海洋大学，2006.

张玉强，宁凌，王桂花．我国海洋战略性新兴产业培育模型与应用研究——以广东为实证［J］．中国科技论坛，2014（2）：46-51.

张媛媛．广东海洋科技服务业发展研究［D］．湛江：广东海洋大学，2013.

张志元．东北地区制造业发展模式转型研究［D］．长春：吉林大学，2011.

章熙春，马卫华，李石勇．高校科技创新对广东产业升级影响的研究［J］．科技管理研究，2010（15）．

赵建东．插上科技翅膀 兴盛海洋事业［N］．中国海洋报，2010-12-14.

赵玲玲．珠三角产业转型升级问题研究［J］．学术研究，2011（8）：71-75.

赵鹏，罗福周．基于网络结构模型的产业集群网络化协同创新机制研究［J］．商业经济研究，2015（4）：125-126.

赵祥．我国海洋产业集聚的实证分析［J］．岭南学刊，2013（4）：98-103.

赵晓云，孙殿明，王正明，等．我国产业转型升级的合理定位和财政政策框架［J］．财政研究，2009（10）：45-48.

赵毅，郑文含．香港港口物流发展初探［J］．江苏城市规划，2006（10）：36-38.

郑贵斌，高霜，李磊．海洋经济发展的战略体系与战略集成创新［J］．生态经济，2009（10）：23-27.

郑贵斌．海洋新兴产业发展趋势、制约因素与对策选择［J］．东岳论丛，2002（3）．

郑晓美．广东省海洋功能区划对海洋产业布局的优化［J］．海洋开发与管理，2011（5）：64-68.

中华人民共和国农业部．国民经济和社会发展第十二个五年规划纲要［EB/OL］．ht-tp://www.moa.gov.cn/fwllm/jjps/201103/t20110317_1949003.htm，2011-03-17.

仲雯雯，郭佩芳，于宜法．中国战略性海洋新兴产业的发展对策探讨［J］．中国人口·资源与环境，2011（9）：163-165.

仲雯雯．国内外战略性海洋新兴产业发展的比较与借鉴［J］．中国海洋大学学报，2013（3）：12-16.

周兵，蒲勇键．产业集群的增长经济学解释［J］．中国软科学，2003（5）：119-121.

周成．广东省沿海港口经济对海洋经济的贡献以及对策研究［D］．湛江：广东海洋大学，2014.

周乐萍，林存壮．我国海洋战略性新兴产业培育问题探析［J］．科技促进发展，2013（5）：77-83.

周鲜成．美国产学研合作模式及其成功经验［J］．湖南商学院学报，2014（6）：35-39.

周振华．产业结构演进的一般动因分析［J］．财经科学，1990（8）：1-5.

朱坚真，师银燕，贺赞．大力发展环北部湾海洋经济主导产业的思路与建议［J］．经济研究参考，2008（11）：6-11.

朱坚真，王骁．珠三角海洋经济发展布局的基本原则目标和保障措施［J］．海洋经济，2012（3）：34-42.

朱坚真，闫柳．基于点轴理论的珠三角区域海洋产业布局研究［J］．区域经济评论，2013（4）：18-27.

朱坚真，杨义勇．我国海岸带综合管理政策目标初探［J］．海洋环境科学，2012（5）：749-756.

朱利国，吴凯昱．中国沿海省份海洋产业集聚态势演进研究［J］．浙江农业科学，2015（2）：167-171.

朱凌．日本海洋经济发展现状及趋势分析［J］．海洋经济，2014（4）：47-53.

朱念，朱芳阳．北部湾经济区海洋产业转型升级对策探析［J］．海洋经济，2011（6）：40-44.

朱念．海洋产业集聚与区域经济发展耦合机理实例探［J］．商业时代，2010（36）：110-111.

朱瑞博．中国战略性新兴产业培育及其政策取向［J］．宏观经济，2010（3）：19-28.

邹锡兰，许社功．海洋经济连续15年居全国首位　广东渔业寻求"深蓝GDP"［J］．中国经济周刊，2010（25）：46-47.

Jun DU，Bo YAN. Evaluation and Comparison of Marine Sci-tech Innovation Ability of 11 Coastal Provinces in China-A Case Study of Guangdong［J］．Asian Agricultural Research，2016（6）：40-46，50.

Kenneth White. 加拿大海洋经济与海洋产业研究［J］．经济资料译丛，2010（1）：73-103.

Chennat Gopalakrishnan. The Pacific's Marine Economy［J］．American Journal of Economics and Sociology，1984（9）：355-356.

CLARK C G. Condition of Economic Progress［M］．New York：Macmillan，1957.

Douglas A. Holdway. The acute and chronic effects of wastes associated with offshore oil and gas production on temperate and tropical marine ecological process［J］．Marine Pollution Bulletin，2002（3）：185-203.

Emma Marris. Marine drugs' contributions to the medical science［J］．Medical Development，2001（3）．

Fusetani N. Drugs from the sea［M］．Karge：Basel Freiburg Paris London New York，2000：1-5.

Gilles Duranton，Henry G. Overman．Testing for Localization Using Micro-Geographic Data [J] . Review of Economic Studies, 2005 (10): 1077 - 1106.

HOOVER, E. M. An Introduction to Regional Economics [M] . New York: Alfred A. Knopf Inc, 1975.

James C. Hsiung. Sea Power, the Law of the Sea, and the Sino - Japanese East China Sea " Resource War " [J] . American Foreign Policy Interests, 2005 (27): 513 - 529.

Markus Mueller, Robin Wallace. Enabling science and technology for marine renewable energy [J] . Energy Policy, 2008 (12): 4376 - 4382.

Meaurio A, Murray I. Indicators of Sustainable Development in Tourism: The easy of the Balearic Islands [R] . Spain: CITTIB. 2001.

Morgan R. Some factors affecting coastal landscape aesthetic quality assessment [J] . Landscape Research, 1999 (2): 167 - 185.

M. Turek. Cost effective electrodialytic seawater desalination [J] . Elsevier Science, 2003, 153 (1): 371 - 376.

M. A. Darwish, N. M. Al - Najem, N. Lior. Towards sustainable seawater desalting in the Gulf area [J] . Desalination. 2009 (235): 58 - 87.

Peter D. Nichols, Ben D. Mooney, Nicholas G. Elliott. Value - adding to Australian marine oils [J] . Developments inFood Science, 2004 (42): 115 - 130.

Petersen E. H. Economic policy, institutions and fisheries development in the Pacific [J] . Marine Policy, 2002 (26): 315 - 324.

Porter. E. Clusterand. New Economies Of Competition [J] . Harvard business review, 1998 (11): 34 - 36.

Richard Hausmann, Bailey Klinger. The Structure of the Product Space and the Evolution of Comparative Advantage [J] . CID Working Paper, 2007 (1) .

StinaH. Kby and Tore S. derqvist. Elasticies of demand and willing - ness to pay for environmental services in Sweden [J] . Environmental and Resource Economics, 2003 (26): 361 - 383.

UssifRashide Sumlia. Cooperative and non - cooperative exploitation of the Arcto—Norwegian Cod Stock [J] . Environmental and Resource Economics, 1997 (10): 147 - 165.

Villena M. G and Chavez C. A. The Economics of Territorial Use Rights Regulations: A Game Theoretic Approach [R] . Working Paper Series. 2005: 1 - 42.

Wood R E. Caribbean cruise tourism - globalization at sea [J] . Annals of Tourism Research, 2000 (2): 345 - 370.

Xuqi. maritime geostrategy and the development of the Chinese navy in the early twenty -

first entury [J] . Naval War College Review, 2006, 59 (4) .

Yizhou Wang. China's State Security in a Time of Peaceful Development: A New Issue on Research Agenda China [J] . World Economy, 2007, 15 (1) .

Zafer Defne, Kevin A, Haas Hermann M. Fritz Wave power potential along the Atlantic coast of the southeastern USA [J] . Renewable Energy, 2009 (10): 2197 - 2205.